Wolfram Steinhäuser | Frank Häberer

Fußbodenschäden vor Gericht

Schadensbilder, Schadensursachen und juristische Betrachtung

Wolfram Steinhäuser | Frank Häberer

Fußbodenschäden vor Gericht

Schadensbilder, Schadensursachen und juristische Betrachtung

Aus Gründen der besseren Lesbarkeit wird auf eine geschlechtliche Differenzierung in den Formulierungen verzichtet. Wir bitten, sämtliche Bezeichnungen (z. B. Handwerker, Unternehmer, Mitarbeiter etc.) im Sinne der Gleichbehandlung für beide Geschlechter zu interpretieren und anzuwenden.

Diese Publikation wurde mit äußerster Sorgfalt bearbeitet, Verfasser und Verlag können für den Inhalt jedoch keine Gewähr übernehmen.

1. Auflage 2020

Lektorat: Achim Sacher, Holzmann Medien | Buchverlag
Herstellung/Satz: Markus Kratofil, Holzmann Medien | Buchverlag
Druck: Druckerei Steinmeier | Deiningen

ISBN: 978-3-7783-1494-4 | Artikel-Nr.: 1549.01

Vorwort

In zahlreichen Fällen führen Bauschäden zu Rechtsstreitigkeiten, die nicht selten vor Gericht landen. Gerade in Bauprozessen ergeben sich schwierige technische Fragen, die das Gericht selbst nicht beantworten kann. Deshalb wird dann häufig ein Sachverständiger eingeschaltet, der die Schadensursache klären muss. Bei einem Gerichtsgutachten wird der Sachverständige vom Gericht beauftragt. Dieser gerichtlich bestellte Sachverständige muss die vom Gericht formulierten Beweisfragen beantworten. Für die Anwälte der Parteien besteht dabei die Möglichkeit, diese Beweisfragen durch entsprechende Beweisanträge zu beeinflussen. Um vor Gericht Erfolg zu haben, ist es für die Parteien deshalb extrem wichtig, mit gezielten Fragen „Pflöcke einzuschlagen", um den Streitfall in die gewünschte Richtung zu lenken.

Sachverständige können im Hauptverfahren oder im selbstständigen Beweisverfahren beauftragt werden. Der Richter bestimmt in beiden Fällen den zuständigen Sachverständigen. Die beteiligten Parteien dürfen aber Vorschläge zum Sachverständigen machen. Bei einem Streit über Bauschäden besteht auch die Möglichkeit, einen Schiedsgutachter einzuschalten. Dazu einigen sich beide Parteien über die Beauftragung eines neutralen Sachverständigen, der das Vertrauen von allen Beteiligten genießt. Dadurch können Streitfragen auch außergerichtlich geklärt werden.

Die Rolle eines Sachverständigen wird häufig als „Gehilfe des Gerichts" definiert. Diese Definition sollte man aber nur mit Vorsicht gebrauchen, da sich die Befugnisse und Pflichten eines Sachverständigen ganz wesentlich von denen eines Richters unterscheiden. Der Sachverständige soll vor allem technische Fragen klären, um den Richter in die Lage zu versetzen, in der er das Recht anwenden und eine Entscheidung treffen kann. Dafür ist es wichtig, dass sich der Sachverständige nur zu den Fragen äußert, die ihm auch gestellt wurden. Darüber hinaus darf er keine Einschätzung abgeben.

Der Sachverständige muss kein „Rechtsexperte" sein. Es ist aber von Vorteil, wenn er zu den wichtigsten Rechtsbegriffen aus dem Baurecht einige Grundkenntnisse hat. Der Sachverständige soll vor allem die Fakten auf der Baustelle feststellen, Rechtsfragen kann und soll er nicht klären. Das ist die Aufgabe des Gerichts. Die langjährigen Erfahrungen sowohl aus Sicht eines Sachverständigen als auch aus Sicht eines Juristen zeigen jedoch, dass die Grenze zwischen technischen und rechtlichen Fragen oft nicht leicht zu ziehen ist. Strittige Rechtsfragen lauern häufig im Hintergrund.

Den beteiligten Parteien bleibt häufig keine andere Wahl, als einen Rechtsanwalt zu ihrer Unterstützung einzuschalten. Einerseits bekennen die Konfliktparteien durch das Einschalten eines Rechtsanwalts, dass sie mit ihrem Latein am Ende sind. Sie kapitulieren vor dem Konflikt, den jetzt andere für sie lösen sollen. Anderseits wird aber auch deutlich, dass Streitigkeiten über Bauschäden regelmäßig nicht nur mit technischen oder juristischen Experten gelöst werden können. Beide Bereiche hängen vielmehr voneinander ab und müssen in Einklang gebracht werden. Mit dieser Schnittstelle von (Bau-)Technik und Recht beschäftigt sich dieses Buch.

Ortstermin/Bauteilöffnung

Im Rahmen eines Bauprozesses ist bei einem Sachverständigengutachten in der Regel immer ein Ortstermin erforderlich. Bei diesem Termin sieht der Sachverständige erstmals die beteiligten Parteien persönlich. Der Sachverständige versucht zu diesem Ortstermin alle für das Gutachten noch offenen Fragen zu klären. Deshalb sollte der Handwerker alle Beweisunterlagen vollständig und sauber geordnet zur Verfügung stellen. Der Sachverständige klärt im Vorfeld, wen er zum Ortstermin einlädt. Hier gilt der Grundsatz der Parteiöffentlichkeit. Dieser Grundsatz leitet sich aus dem Anspruch des Bürgers auf rechtliches Gehör ab. Nach diesem Grundsatz haben alle Parteien einen Anspruch darauf, über bevorstehende Beweiserhebungen informiert zu werden und daran teilzunehmen. Wenn die Beteiligten einverstanden sind, dürfen außer den Verfahrensbeteiligten auch Dritte an dem Ortstermin teilnehmen. Dritte dürfen jedoch nicht dem Verfahren beigetreten sein. Die Einladung zum Ortstermin kann per Fax, E-Mail oder sonst formlos erfolgen. Die Einladung sollte jedoch zu Dokumentationszwecken immer schriftlich vorgenommen werden. Eine Vorabbesichtigung des zu begutachtenden Schadens durch den Sachverständigen ohne die beteiligten Parteien darf nicht stattfinden. Der Sachverständige muss vermeiden, bewusst dorthin oder daran vorbeizufahren oder sich gar auf das Grundstück zu begeben, ohne die Parteien zu informieren und zu beteiligen. Ansonsten kann es zur Ablehnung wegen Befangenheit kommen. In einem solchen Fall liegt ein Verfahrensverstoß gegen den Grundsatz der Parteiöffentlichkeit vor.

Der Sachverständige muss im Vorfeld entscheiden, ob er zum Ortstermin eine Bauteilöffnung vornimmt und wie er diese durchführen will. Seit geraumer Zeit ist strittig, ob eine Weisung des Gerichts an den Sachverständigen zur selbstständigen Bauteilöffnung rechtens ist oder eine Bauteilöffnung durch ein vom Sachverständigen eingeschaltetes Unternehmen gemäß § 404a ZPO möglich ist. Die Oberlandesgerichte Celle, Düsseldorf, Frankfurt und Stuttgart sehen eine Anweisung des Gerichts als rechtens an. Das OLG Celle hat beispielsweise entschieden, dass der Sachverständige die erforderlichen

Bauteilöffnungen in eigener Regie und Verantwortung vornehmen muss. Das OLG Celle begründet diese Entscheidung wie folgt: Es ist die ureigenste Aufgabe des Sachverständigen, die Grundlagen für die Erstattung des Gutachtens zu schaffen, zu beurteilen, was erforderlich ist, und etwaige Hilfspersonen anzuweisen.

Etwas befremdlich erscheint die weitere Entscheidung des OLG Celle, nämlich, dass es nicht Aufgabe des Sachverständigen sei, die Bauteilöffnung wieder zu verschließen, weil die Wiederherstellung des ursprünglichen Zustandes zur Begutachtung nicht erforderlich sei. Die Oberlandesgerichte Brandenburg, Hamm, Rostock und Bamberg sowie das Landgericht Kiel sind gegen die Möglichkeit einer Weisung zur Bauteilöffnung. In der Begründung heißt es, dass durch eine Weisung der Sachverständige gezwungen werden könnte, Verträge mit Handwerkern abzuschließen und ggf. seinen Versicherungsschutz zu erweitern. Dann wäre der Sachverständige für Beschädigungen aufgrund der Bauteilöffnung haftbar und würde für den von ihm eingeschalteten Handwerker einstehen müssen. Der Sachverständige muss aber in jedem Fall die Bauteilöffnung überwachen und den eingeschalteten Personen Anweisungen geben. Der Sachverständige muss nicht die Kosten und Risiken der Bauteilöffnung tragen. Die meisten Sachverständigen übernehmen in der Regel unabhängig vom bestehenden Meinungsstreit selbst die Organisation von Bauteilöffnungen. Die Sachverständigen beauftragen selbst Unternehmen mit der Bauteilöffnung, mit denen sie gute Erfahrungen gemacht haben und auf die ihrer Meinung nach Verlass ist. Hier muss der Sachverständige die Kosten der Bauteilöffnung in seiner Kostenkalkulation berücksichtigen. Der Sachverständige muss einen ausreichenden Versicherungsschutz besitzen, um im Rahmen seiner Tätigkeit Bauteilöffnungen vorzunehmen bzw. vornehmen zu lassen.

Hinweise für den Handwerker/Bedenkenanmeldung

Der Sachverständige muss alle Fakten dokumentieren. Anhand von Prüfprotokollen muss alles nachgewiesen werden. Der Handwerker sollte dem Sachverständigen zum Ortstermin alle Beweisunterlagen sauber geordnet zur Verfügung stellen. Außerdem sollte der Handwerker beim Ortstermin von der ersten bis zur letzten Minute anwesend und aufmerksam sein. Wichtig ist natürlich auch, dass der Handwerker seinen Werkerfolg genau vertraglich vereinbart hat, seinen Prüf- und Hinweispflichten im vollen Umfang nachgekommen ist und alles genau dokumentiert hat sowie eine „eigene vorsorgliche Beweissicherung“ durchgeführt hat. Sein Werk sollte abgenommen und bezahlt sowie alle berechtigten Beanstandungen beseitigt sein. Vorteilhaft ist es für den Handwerker sicher, wenn er vor dem Richter und dem Sachverständigen als Mensch, Persönlichkeit und Fachmann 100%ig glaubhaft wirkt.

Hat der Handwerker einen Baumangel verursacht, der aufgrund einer Anweisung des Bauherrn, des Architekten oder Bauleiters oder eines Fehlers im Leistungsverzeichnis entstanden ist, taucht sofort die Frage auf, ob der Handwerker diesen Fehler hätte erkennen können und, falls ja, warum er keine Bedenken angemeldet hat. Leider werden auch gerade bei der Bedenkenanmeldung entscheidende Fehler von Handwerkern gemacht, die von jedem Gericht bestraft werden. Grundsätzlich sind Bedenken schriftlich gegenüber dem Bauherrn oder gegenüber einem seitens des Bauherrn bevollmächtigten Vertreters anzumelden. Es reicht jedoch nicht aus, dem Bauherrn mitzuteilen, worin die Bedenken begründet sind. Der Bauherr muss auch über die aus dem vorliegenden negativen Sachverhalt resultierenden Bauschäden informiert werden. Für eine inhaltlich richtige und formgerechte Anzeige muss die Anmeldung von Bedenken

- gegenüber dem Bauherrn oder gegenüber einem seitens des Bauherrn bevollmächtigten Vertreters
- schriftlich,
- unverzüglich sowie
- substantiiert (konkret ausformuliert und nachvollziehbar ausgedrückt) mit Hinweis auf die Schadensfolge erfolgen.

Befangenheit

Die Besorgnis der Befangenheit ist beispielsweise dann gerechtfertigt, wenn ein Grund vorliegt, Misstrauen gegen die Unparteilichkeit des Sachverständigen zu rechtfertigen. Die ablehnende Partei hat in einem solchen Fall die Befürchtung, der Sachverständige stehe der Sache nicht unvoreingenommen oder unparteiisch gegenüber. Von Gerichtsprozessen wird absolute Neutralität erwartet. Ein gerichtliches Gutachten ist auch deshalb sehr schwer anzugreifen. Der Befangenheitsantrag muss übrigens binnen zwei Wochen ab Kenntnis gestellt werden. Bei Privatgutachten sieht die Sache schon anders aus. Hier merkt man häufig sehr deutlich, wer das Privatgutachten in Auftrag gegeben hat. Auch deshalb haben Privatgutachten eine rechtliche Unverbindlichkeit, diese Gutachten sind im Grunde wertlos. Das Privatgutachten kann bei Gerichtsverhandlungen als qualifizierter Parteivortrag eingebracht werden und der Sachverständige als sachverständiger Zeuge gehört werden. Allerdings sind die Gerichte nach einem BGH-Urteil (IV ZR 57/08) verpflichtet, Privatgutachten zu verwerten, die auf ein Gerichtsgutachten eingeholt werden und dieses infrage stellen.

Abfällige Äußerungen über eine Partei in einem Gutachten können dem Sachverständigen empfindlich schaden. Nach einer Entscheidung des OLG Nürnberg (Beschluss vom 8.9.2011, 8 U 2204/08) führen abfällige Äußerungen über eine Partei selbst dann zur Befangenheit und damit zum Verlust der Honoraransprüche, wenn die Inhalte des Gutachtens völlig in Ordnung sind.

Übrigens können auch Richter nach § 42 Abs. 2 ZPO wegen der Besorgnis der Befangenheit abgelehnt werden. Das kann beispielsweise zutreffen, wenn ein Grund vorliegt, der geeignet ist, Misstrauen gegen seine Unparteilichkeit zu rechtfertigen. Dieses Misstrauen in die Unparteilichkeit des Richters ist dann gerechtfertigt, wenn der Ablehnende bei verständiger Würdigung des ihm bekannten Sachverhaltes Grund zur Annahme hat, der abgelehnte Richter nehme ihm gegenüber eine innere Haltung ein, die dessen Unparteilichkeit und Unvoreingenommenheit störend beeinflusst. Der Ablehnende muss allerdings Gründe für sein Ablehnungsbegehren vorbringen, die jedem unbeteiligten Dritten einleuchten. Ein Sachverständiger kann aus denselben Gründen, die zur Ablehnung eines Richters berechtigen, abgelehnt werden (§ 406 Abs. 1 ZPO).

Die richtigen Fragen stellen

Beim selbstständigen Beweisverfahren geht es nur um die Feststellung von Fakten. Deshalb kommt den Fragen eine besondere Bedeutung zu, die der Sachverständige beantworten muss. Die Parteien müssen aus diesem Grund ihre Anwälte darauf drängen, die richtigen Fragen zu stellen. Diese Fragen werden in aller Regel vom Antragsteller und ggf. vom Antragsgegner formuliert. Der Richter übernimmt in den meisten Fällen diese Fragen in den Beweisbeschluss. Beim selbstständigen Beweisverfahren kann eine Partei auch außerhalb des Rechtsstreits die Begutachtung durch einen Sachverständigen beim Gericht beantragen, falls ein rechtliches Interesse vorliegt. Das im Rahmen des selbstständigen Beweisverfahrens erstellte Gutachten wird im Hauptverfahren herangezogen. Die beteiligten Parteien dürfen noch Fragen an den Sachverständigen stellen oder eine mündliche Befragung vor Gericht beantragen.

Sachmängel/Unregelmäßigkeiten

Auf den Rechtsbegriff des Mangels wird in den folgenden Ausführungen nicht näher eingegangen. In der Baupraxis ist ein Gewerk frei von Sachmängeln, wenn es die vereinbarte Beschaffenheit besitzt. In der Regel werden vertraglich bindende Abmachungen über Art, Güte oder Qualität des herzustellenden Gewerks getroffen. Weicht das vom

Auftragnehmer hergestellte Gewerk von dem vertraglich Geschuldeten negativ ab, dann ist das Gewerk mangelhaft. Hier taucht dann häufig die Frage nach der „Hinnehmbarkeit kleinerer Mängel“ auf. Mit dem Bauherrn kommt es dann nicht selten zu Streitigkeiten darüber, welche Unregelmäßigkeiten dieser hinnehmen muss. Deshalb ist es erforderlich, zulässige Grenzwerte festzulegen, die vom Bauherrn zu akzeptieren sind. Häufig werden diese Grenzwerte vom Bauherrn nicht akzeptiert, hier muss dann letztendlich das Gericht entscheiden. Bei diesen Unregelmäßigkeiten geht es sehr oft um optische Beeinträchtigungen, da jeder Bauherr optische Mängel sehr schnell und leicht feststellen kann. Über optische Beeinträchtigungen lässt sich immer streiten. Wann das Erscheinungsbild des jeweiligen Baugewerkes völlig mangelfrei ist, das ist im wahrsten Sinne des Wortes manchmal „reinste Ansichtssache“. Erhöhte optische Ansprüche sollten ausdrücklich vertraglich vereinbart werden. Die Autoren Prof. Oswald und Frau Abel haben in ihrem Buch über „Hinzunehmende Unregelmäßigkeiten bei Gebäuden“ [1] typische Erscheinungsbilder, Beurteilungskriterien und Grenzwerte aufgezeigt. Bei Streitigkeiten ist diese Lektüre sehr empfehlenswert.

Bauschäden

Vor dem Hintergrund der großen volkswirtschaftlichen Bedeutung von Bauschäden wurde im Jahr 2015 eine Gemeinschaftsstudie vom Bauherrn-Schutzbund e. V., dem Versicherungsunternehmen AIA AG und dem Institut für Bauforschung e. V. [2] erarbeitet. Die Auswertung von 4.837 Berufshaftpflichtschäden im Zeitraum von 2002 bis 2013 bildeten die Grundlage des Forschungsberichtes. Die wichtigsten drei Schwerpunkte aus dieser Gemeinschaftsstudie lassen sich wie folgt zusammenfassen:

- Die Versicherungsschäden haben sich verdoppelt.
- Der durchschnittliche Streitwert von 42.000 Euro bei Baurechtsstreitigkeiten dokumentiert das hohe Prozessrisiko für private Bauherren.
- Die Ursachen für Baumängel sind auf verschiedene Teilaspekte zurückzuführen:
  - 21 % Planungsfehler
  - 25 % Bauleitungsfehler
  - 45 % Fehler in der Bauausführung
  - 6 % Materialfehler
  - 3 % unvorhersehbare Einflüsse.

Diese Analyse zeigt deutlich, die geringste Fehlerquote liegt im Bereich Materialfehler und unvorhersehbare Einflüsse. Der Schwerpunkt liegt eindeutig bei den Fehlern bei der Ausführung, aber auch Planungs- und Bauleitungsfehler sind nicht unerheblich.

Nach einer Baustudie des Marktforschungsinstitutes BauInfo-Consult hatten im Jahr 2018 Fehlerkosten einen geschätzten Anteil von 14 % am erwirtschafteten baugewerblichen Umsatz. Fehler beim Bau haben 2018 in Deutschland 17,8 Milliarden Euro Schaden angerichtet.

Schlussbetrachtung

Juristische Auseinandersetzungen sind häufig teuer, zeitintensiv, nervenaufreibend und manchmal schwer verständlich. Gerichtsentscheidungen sind manchmal fragwürdig, Sachverständigengutachten sind teilweise falsch, manipuliert oder Gefälligkeitsgutachten (in erster Linie Privatgutachten). Auftraggeber und Auftragnehmer fühlen sich immer im Recht, sonst würden sie ja nicht klagen. Sachverständigengutachten sollten immer objektiv sein. Aber was ist objektiv, und wer bewertet, ob ein Gutachten objektiv ist? Selbst bei fachlichen Problemen und Bewertungen gehen die Meinungen nicht selten weit auseinander. Jeder Kläger und jeder Beklagte sollte wissen, dass Sachverständige und das Gericht an zahlreichen Schnittstellen zusammenarbeiten, um die richtige Entscheidung in einem Rechtsstreit zu erreichen. Auch wenn sich manche der beteiligten Parteien als benachteiligt oder als Verlierer sehen, Gerechtigkeit ist nun mal ein scharfes Schwert, und wer weiß schon, was gerecht und was ungerecht ist. Natürlich gibt es auch Fehlurteile, aber hier hat der Verlierer immerhin die Möglichkeit, weiter zu „klagen“. Erstellt ein vom Gericht ernannter Sachverständiger grob fahrlässig oder vorsätzlich ein unrichtiges Gutachten, so ist er zum Ersatz des Schadens verpflichtet, der einem Verfahrensbeteiligten durch eine gerichtliche Entscheidung entsteht, die auf diesem Gutachten beruht. „Vor Gericht und auf hoher See sind wir in Gottes Hand.“ Deshalb sollte Ihr Kapitän stets kompetent und zuverlässig sein.

In den folgenden Ausführungen werden nicht nur Bauschadensfälle aus der Fußbodenbranche aufgezeigt, die vor Gericht behandelt wurden. Es gibt auch Schadensbeispiele, bei denen der Schadensverursacher seinen Mangel eingesehen hat bzw. der Schaden so unstrittig war, dass auf das angedrohte Gerichtsverfahren verzichtet wurde.

Bauteilöffnung im Fußbodenbereich.

Rudolstadt/Leipzig, im Herbst 2020

Wolfram Steinhäuser | Frank Häberer
und Holzmann Medien | Buchverlag

Inhaltsverzeichnis

1. Bituminöser Untergrund täuscht ausreichende Tragfähigkeit vor

Im Kommentar zur DIN 18365 „Bodenbelagsarbeiten“ (Stand Januar 2017, [3]) wird ausdrücklich darauf hingewiesen, dass alle verlegereifen Untergründe für Parkett- und Bodenbelagsarbeiten in ihrer Festigkeit und Tragfähigkeit den einschlägigen DIN-Bestimmungen entsprechen müssen. Der Auftragnehmer für Parkett- und Bodenbelagsarbeiten kann davon ausgehen, dass die Untergründe die Anforderungen im Hinblick auf Festigkeit und Belastbarkeit voll und ganz erfüllen. Prüfungen auf Druck- und Biegezugfestigkeit sind keine handwerksüblichen Prüfungen. Deshalb haben die Parkett- und Bodenleger nicht die Pflicht, solche Prüfungen vorzunehmen oder durchführen zu lassen. Werden solche Prüfungen erforderlich, muss der Bauherr/Auftraggeber/Architekt diese Prüfungen an dafür autorisierte Einrichtungen bzw. Sachverständige in Auftrag geben. Bei neu eingebauten Estrichen muss und kann der Bodenleger davon ausgehen, dass diese Untergründe mit den erforderlichen Festigkeiten eingebaut sind und somit über die notwendige Festigkeit und Tragfähigkeit verfügen. Ein immer wiederkehrendes Thema bei der Sanierung von Altuntergründen ist deren Festigkeit und Tragfähigkeit, die in der Regel nie überprüft werden. Dabei altern Estriche und verlieren ihre Festigkeit und Tragfähigkeit. Bei zahlreichen alten Estrichen wären zwingend Bestätigungsprüfungen im Hinblick auf Druck- und Biegezugfestigkeit erforderlich.

Im Kommentar zur DIN 18365 „Bodenbelagsarbeiten“ heißt es deshalb auf Seite 10: *„Um einen Altuntergrund richtig zu bewerten, muss bauseits eine Dokumentation der vorhandenen Schichten vorgelegt bzw. eine umfangreiche Analyse veranlasst werden. Dafür hat der Auftraggeber Sorge zu tragen. Die Tragfähigkeit des zu belegenden Untergrundes ist durch den Auftraggeber oder Planer neu zu bewerten, nicht nur bei Nutzungsänderung.“*

Diese Aussagen sind voll und ganz zu begrüßen und vollkommen berechtigt. Leider ist das jedoch nur graue Theorie. Diese Aussagen werden erst dann relevant, wenn es zu Fußbodenschäden aufgrund nicht ausreichender Festigkeit und Tragfähigkeit des Altuntergrundes gekommen ist. Dann stehen plötzlich der Auftraggeber, Bauherr und der Planer im Focus. Unkenntnis schützt hier nicht vor Verantwortung!

Schadensbild

In einem Sanierungsobjekt im Kellergeschoss war ein bituminöser Untergrund direkt auf eine Betonbodenplatte aufgebracht. Da es sich hier um eine erdberührte Fußbodenkonstruktion handelt, sollte der bituminöse Untergrund offensichtlich die Feuchtigkeit aus dem angrenzenden Erdreich absperren. Der bituminöse Untergrund, der in der Oberfläche wie ein Gussasphalt aussah, diente gleichzeitig als Nutzschicht. Da der Bauherr das Kellergeschoß hochwertiger vermieten wollte, sollten auf die gesamte Fläche im Kellergeschoss PVC-Designbeläge verlegt werden. Aus Sicherheitsgründen wurde mit einer Reaktionsharzgrundierung grundiert und 2 bis 5 mm dick zementär gespachtelt. Schon drei Tage später war die Spachtelmasse vollflächig gerissen. Der vom Bauherrn eingeschaltete Sachverständige öffnete den Fußboden bis Oberkante Betonbodenplatte. Der bituminöse Untergrund lag hohl und war ebenfalls gerissen. Die Spachtelmasse war fest mit dem bituminösen Untergrund verbunden, während sich der bituminöse Untergrund leicht vom darunter befindlichen Betonuntergrund ablösen ließ. Der bituminöse Untergrund war eine 12 bis 16 mm dicke grobporige Schicht, die eher einem Walzasphalt oder einen bituminösen Sonderestrich als einem Gussasphalt entsprach. Gussasphaltestriche haben in der Regel ein nahezu porenloses Gefüge und eine gleichmäßige Kornverteilung, ähnlich der des Zementestrichs. Lediglich die Oberfläche dieses schwarzen Untergrundes entsprach dem Aussehen eines Gussasphaltestrichs. Deshalb stand auch in der Ausschreibung des Bauherrn, dass die Bodenbelagsarbeiten im Kellergeschoss auf einen Gussasphalt auszuführen sind.

Schadensursache und Regeln

Eine Ursache für alle Rissbildungen liegt darin begründet, dass in den Untergründen durch von außen einwirkende Kräfte Zugspannungen entstehen. Erreichen diese Spannungen die Materialfestigkeit im Sinne der Bruchspannung, kommt es zum Versagen der Untergrundfestigkeit in Form von Rissen. Der schwer zu definierende bituminöse Untergrund war hier offensichtlich nicht in der Lage, die Trocknungsspannungen aus der zementären Spachtelmasse schadensfrei aufzunehmen. Dieser Untergrund besaß nicht die erforderliche Härteklasse, wie sie bei allen schwarzen Untergründen gefordert wird, wenn auf diesen Untergründen Bodenbeläge verlegt werden. Gesunde Gussasphaltestriche nehmen problemlos die Trocknungsspannungen aus den zementären Spachtelmassen bei einer Spachtelmassendicke bis 5 mm auf. Die Gussasphaltestriche sind in der Regel 3 cm dick, wenn sie einlagig eingebaut werden, beim zweilagigen Einbau sind diese Estriche mind. 2 x 2 cm dick. Der vorgefundene bituminöse Untergrund war nur einlagig 12 bis 16 mm dick. Diese Dicken sind für schwarze Untergründe eindeutig zu gering und haben die Festigkeit und Tragfähigkeit zusätzlich negativ beeinflusst. Wo dieser bituminöse Untergrund einzuordnen ist, hätte nur im Labor ermittelt werden können. Das wollte der Bauherr nicht. Der Bodenleger muss und kann nicht die Härteklasse bei schwarzen Untergründen ermitteln und bewerten. Diese Prüfungen sind keine handwerksgerechten Prüfungen und können nur in dafür autorisierten Laboren durchgeführt werden. Somit können Bodenleger auch nicht bewerten, ob der vorhandene Untergrund im Hinblick auf Härteklasse sowie Tragfähigkeit und Gebrauchstauglichkeit den Nutzungsanforderungen entspricht. Im BEB-Merkblatt „Beurteilen und Vorbereiten von Untergründen im Alt- und Neubau - Verlegen von elastischen und textilen Bodenbelägen, Laminat, mehrschichtig modularen Fußbodenbelägen, Holzfußböden und Holzpflaster - Beheizte und unbeheizte Fußbodenkonstruktionen“ (Stand März 2014, [4]) heißt es im Punkt 1.2 - Besondere Hinweise für den Planer/Architekten: *„Der tatsächliche Aufbau ist sowohl im Neubau als auch bei Renovierungen zu dokumentieren und dem Bodenleger rechtzeitig vor Beginn der Arbeiten mitzuteilen. Die Angaben zum Fußbodenaufbau, insbesondere hinsichtlich der verwendeten Stoffe bzw. Bindemittel, müssen vorliegen.“*

Schadensbeseitigung

Der alte, bituminöse, grobporige Untergrund wurde vollständig bis Oberkante Betonuntergrund entfernt. Die Einbauhöhen erlaubten den Einbau eines neuen 3 cm dicken abgequarzten Gussasphaltestrichs. Der Gussasphaltestrich bietet mit einem Sd-Wert - wasserdampfdiffusionsäquivalente Luftschichtdicke - von 1500 m bei erdberührten Fußbodenkonstruktionen die größte Sicherheit. Außerdem konnte bereits am nächsten Tag mit den Bodenbelagsarbeiten begonnen werden, da der Bauherr unter Zeitdruck stand. Der Schaden belief sich auf rund 15.000 Euro.

Juristische Betrachtung

Der Bauherr zog seine Drohung, den Bodenleger vor Gericht zu verklagen, zurück. Er hatte erkannt, dass es sein Planungsfehler war und seine Erfolgsaussichten bei einem Gerichtsverfahren wahrscheinlich gegen null gingen.

Der bituminöse Untergrund war von der Betonbodenplatte vollflächig abgeplatzt. Die Spachtelmasse war fest mit dem bituminösen Untergrund verbunden.

2. Überschätzte Tragfähigkeit eines alten DDR-Anhydrit-estrichs

Parkett- und Bodenleger haben nicht die Pflicht, Prüfungen auf Druck und Biegezugfestigkeit sowie Haftzugprüfungen bei Estrichen vorzunehmen oder durchführen zu lassen. Parkett- und Bodenleger sind im Rahmen ihrer Prüfungs- und Hinweispflicht lediglich gehalten, die Oberflächenfestigkeit der Untergründe daraufhin zu prüfen und zu beurteilen, ob die von ihnen aufzubringenden Verlegewerkstoffe eine feste Verbindung mit dem Untergrund eingehen. Durch die Untergrundvorbereitung und die Verlegewerkstoffe wird die Estrichkonstruktion/Lastverteilungsschicht nur nach bestem Wissen und Gewissen verlegereif hergestellt. Der Parkett- und Bodenleger kann deshalb für alle Bruchzonen unterhalb der von ihm eingesetzten Verlegewerkstoffe keine Haftung übernehmen.

Im Kommentar zur DIN 18365 „Bodenbelagsarbeiten" Stand (Stand Januar 2017, [3]) heißt es deshalb auf Seite 10: *„Um einen Altuntergrund richtig zu bewerten, muss bauseits eine Dokumentation der vorhandenen Schichten vorgelegt bzw. eine umfangreiche Analyse veranlasst werden. Dafür hat der Auftraggeber Sorge zu tragen. Die Tragfähigkeit des zu belegenden Untergrundes ist durch den Auftraggeber oder Planer neu zu bewerten, nicht nur bei Nutzungsänderung."*

Bei Altuntergründen sollte die Festigkeit und Tragfähigkeit grundsätzlich neu bewertet werden, aber das ist leider nur graue Theorie. Diese Nachlässigkeit kann Bauherr und Architekt teuer zu stehen kommen, wie das nachfolgende Beispiel zeigt.

Schadensbild

In einem größeren Sanierungsprojekt war ein alter DDR-Anhydritestrich vorhanden, auf dem PVC-Belag verlegt werden sollte. Augenscheinlich war dieser Estrich besonders auch in der Oberfläche fest und tragfähig. Anhand der Gitterritzprüfung konnten keine Mängel in der Estrichoberflächenfestigkeit festgestellt werden. Um die vorhandenen Unebenheiten auszugleichen, wurde der Altestrich 5 bis 8 mm dick zementär gespachtelt. Bereits 3 Tage nach den Spachtelarbeiten war die gesamte gespachtelte Fläche extrem gerissen. In zahlreichen Rissbereichen schüsselte sich die Spachtelmasse sogar 1 bis

2 mm nach oben. Der Architekt vermutete eine mangelhafte Spachtelmasse. Da der Schaden erheblich war, wurde ein Sachverständiger eingeschaltet.

Schadensursache

Der Sachverständige öffnete die gesamte Fußbodenkonstruktion. Folgender Fußbodenaufbau wurde festgestellt:

- Stahlbetondecke, auf der eine DDR-Bitumenpappe fest verklebt ist.
- Gummischrot als Trittschalldämmung. Hier muss man wissen, dass zu DDR-Zeiten häufig Gummischrot als Trittschalldämmung in öffentlichen Gebäuden eingebaut wurde. Gummischrot besteht aus alten zerschredderten Gummireifen.
- Rötlich eingefärbter DDR-Anhydrit, ca. 2 bis 4 cm dick.

Der Sachverständige stellte fest, dass nicht nur die Spachtelmasse gerissen war, sondern auch der darunter befindliche DDR-Anhydrit, und zwar genau an den Stellen, an denen auch die Spachtelmasse gerissen war. Es lag also eine intensive Estrichschollenbildung vor, wobei die Spachtelmasse fest mit dem DDR-Anhydritestrichschollen verbunden war und die Estrichschollen lose auf dem Gummischrot auflagen. Der DDR-Anhydritestrich war hier nicht in der Lage, die Trocknungsspannungen aus der zementären Spachtelmasse schadensfrei aufzunehmen. Der DDR-Anhydritestrich besaß offensichtlich nicht die erforderliche Estrichfestigkeit, wie sie bei allen Estrichen erforderlich ist, wenn gespachtelt und Belag verlegt wird. Zusätzlich kam nun noch das Problem der alten DDR-Dachpappe. Die DDR-Dachpappe wurde als Feuchtesperre auf die Stahlbetondecken eingebaut. Aus dieser Dachpappe tritt selbst nach Jahrzehnten noch Naphthalin aus, das als teerartiger Geruch wahrgenommen wird. Die damit verbundenen Emissionen dürfen nicht in die Raumluft gelangen. Aus der Erfahrung mit dieser Problematik ist es deshalb zwingend erforderlich, die alte Dachpappe restlos zu entfernen und den Betonuntergrund mit geeigneten Reaktionsharzen abzusperren.

Bauherr und Architekt hatten plötzlich zwei Probleme, die zu geringe Estrichfestigkeit und die Emissionen aus der alten DDR-Dachpappe. Die im Kommentar zur DIN 18365 „Bodenbelagsarbeiten" getroffenen Aussagen waren zwar dem Bauherrn und dem Architekten nicht bekannt, aber jetzt natürlich aktuell und für sie und ihre Baustelle zutreffend. Eine bittere Pille, die aber nicht der Bodenleger schlucken musste.

Schadensbeseitigung

Der gesamte Fußboden wurde einschließlich der alten DDR-Dachpappe bis auf die Stahlbetondecke entfernt. Sicherheitshalber wurde die Stahlbetondecke mit einer Reaktionsharzgrundierung abgesperrt, um jegliche Emissionen aus dem Untergrund zu vermeiden. Anschließend wurde ein neuer schwimmender Calciumsulfatestrich eingebaut und der Bodenbelag verlegt. Dieser Fußbodenschaden ist ein Beispiel dafür, wie sich geplante Bauleistungen im Fußbodenbereich verzwanzigfachen können; Gesamtschaden 190.000 Euro.

Der DDR-Anhydrit wurde durch die Trocknungsspannungen der neu aufgebrachten zementären Spachtelmasse regelrecht zerrissen.

Die Stahlbetondecke wurde mit einer abgequarzten Reaktionsharzgrundierung abgesperrt.

Juristische Betrachtung

Der Bauherr verzichtete auf ein Gerichtsverfahren und hat gemeinsam mit seinem Architekten die Kosten für die Erneuerung des Fußbodens getragen.

3. Beheizter Zementestrich ohne ausreichende Festigkeit

Wenn es zu einem Schadensfall an einem Parkettboden kommt, muss immer zuerst der Parkettleger Rede und Antwort stehen. Das heißt, er wird als Erster auf das Bauobjekt zitiert und ist gleichzeitig Angeklagter und Gutachter. Vom Parkettleger wird dann in der Regel erwartet, dass er den aufgetretenen Schaden beseitigt, denn der Schaden ist ja schließlich in seinem Gewerk aufgetreten und augenscheinlich offensichtlich. Wenn der Parkettleger der Meinung ist, dass er keine Schuld an dem aufgetretenen Schaden hat, beginnt er in der Regel mit einer Art Detektivarbeit.

Dann kommt es nicht selten zum Streit zwischen Bauherrn und Parkettleger, der häufig vor Gericht landet. So war es auch im nachfolgend beschriebenen Fall.

Ein altes Wasserwerk wurde zu einem Hotel umgebaut. Die alte Maschinenhalle wurde dabei zu einem großen Veranstaltungsraum umgestaltet. Hier wurde auf die alte Betonbodenplatte ein neuer, schwimmender Zementestrich mit einer Warmwasser-Fußbodenheizung eingebaut. Dem Zementestrich wurden chemische Zusatzmittel beigemischt, um eine schnellere Trocknung und somit eine schnellere Belegereife zu erzielen. Auf den Estrich wurde ein Hochkantlamellenparkett „Holzart Eiche" mit einem 1-K-PU-Parkettklebstoff geklebt. Das Hochkantlamellenparkett wurde dunkelbraun geölt, um eine Räuchereiche zu imitieren.

Schadensbild

Ungefähr acht Monate nach der Parkettverlegung reklamierte der Bauherr sogenannte „Kipper" im Parkettboden. Da sich der Parkettleger keiner Schuld bewusst war, kam es zu einem gerichtlichen Rechtsstreit, und ein Sachverständiger wurde eingeschaltet. Der Sachverständige öffnete an einigen typischen „Kipperstellen" den Parkettboden und stellte fest, dass an diesen Stellen die obere Estrichrandzone vom darunter befindlichen Estrich abgerissen war und die Estrichrandzone über den PU-Klebstoff fest mit dem Hochkantlamellenparkett verbunden war. Im System Parkett, Parkettklebstoff, Estrichrandzone gab es keinen Adhäsionsbruch, es trat lediglich ein Kohäsionsbruch im Zementestrich auf. Da die Bruchzonen unterhalb der Estrichrandzone vorlagen, vermutete der Sachverständige, dass es Probleme mit der Estrichqualität gab. Deshalb wurde ein renommiertes Prüfinstitut eingeschaltet, das eine nachträgliche Bestätigungsprüfung durchführte. In der DIN EN 18560-1 Estriche im Bauwesen Teil 1: Allgemeine Anforderungen, Prüfung und Ausführung wird im Punkt 6 Prüfung 6.3 Prüfung von Estrichen (Bestätigungsprüfung) [5] unter anderem ausgeführt: *„Die Bestätigungsprüfung ist nur in Sonderfällen durchzuführen, wenn z. B. erhebliche Zweifel an der Güte des Estrichs im Bauwerk bestehen. Es kann nötig werden, die Eigenschaften durch Entnahme von Proben aus dem Estrich zu bestimmen. Die Proben sind möglichst erschütterungsfrei so zu entnehmen, dass sie ein ausreichendes Bild über die Beschaffenheit des Estrichs geben. Die Art der Bestätigungsprüfung ist abhängig von der Estrichart. Nähere Angaben zur Bestätigungsprüfung bei den verschiedenen Estricharten sind den weiteren Normen der Reihe DIN 18560 zu entnehmen."*

Das Prüfinstitut stellte fest, dass der neu eingebaute Zementestrich unterschiedliche Festigkeiten aufwies und nie die erforderlichen Biegezugfestigkeiten erreicht wurden. Den Spannungen aus der Warmwasserheizung, den Spannungen aus dem Parkett sowie den Belastungen aus der Nutzung war der Zementestrich offensichtlich nicht gewachsen.

Schadensbeseitigung

Der gesamte Fußbodenaufbau musste entfernt und ein neuer Fußboden eingebaut werden.

Juristische Betrachtung

Den gesamten Schaden hat der Estrichleger verursacht. Er musste für die Erneuerung des gesamten Fußbodens aufkommen (ca. 30.000 Euro). In der Fachliteratur wird ausdrücklich darauf hingewiesen, dass alle verlegereifen Untergründe für Parkettarbeiten in ihrer Festigkeit und Tragfähigkeit den einschlägigen DIN-Bestimmungen entsprechen müssen. Der Auftragnehmer für Parkettarbeiten kann davon ausgehen, dass die Untergründe die Anforderungen im Hinblick auf Festigkeit und Belastbarkeit voll und ganz erfüllen. Prüfungen auf Druck- und Biegezugfestigkeit sind keine handwerksüblichen Prüfungen. Deshalb haben die Parkettleger nicht die Pflicht, solche Prüfungen vorzunehmen oder durchführen zu lassen. Werden solche Prüfungen erforderlich, muss der Bauherr/Auftraggeber/Architekt diese Prüfungen an dafür autorisierte Einrichtungen bzw. Sachverständige in Auftrag geben. Bei neu eingebauten Estrichen muss und kann der Bodenleger eigentlich davon ausgehen, dass diese Untergründe in der erforderlichen Qualität eingebaut sind und somit über die notwendige Festigkeit und Tragfähigkeit verfügen.

Lose liegendes Hochkantlamellenparkett – sogenannte „Kipper“.

Bauteilöffnung.

3. Beheizter Zementestrich ohne ausreichende Festigkeit

Die obere Estrichrandzone haftet fest am Hochkantlamellenparkett

An dieser Estrichöffnung ist die schlechte Estrichqualität deutlich zu erkennen.

4. Streit um die Estrichoberfläche

Calciumsulfatfließestrich ist ein sicherer, umweltverträglicher, gesundheitlich unbedenklicher und zwischenzeitlich auch ein sehr praxiserprobter Baustoff. Calciumsulfatfließestriche haben sich besonders im Innenbereich und hier besonders im Wohnungsneubau bewährt. Unbestritten sind folgende Vorteile:

- Für alle Estricharten geeignet.
- Erfordern beim Einsatz entsprechender Verarbeitungstechnik einen geringeren Arbeits- und Kraftaufwand als konventionelle Estriche und ermöglichen dadurch hohe Verlegeleistungen.
- Durch den Einsatz von Werktrockenmörtel oder von Werkfrischmörtel können Verarbeitungsfehler weitestgehend ausgeschlossen werden.
- Sie lassen sich leicht nivellieren, wodurch größere Unebenheiten so gut wie ausgeschlossen werden.
- Sie besitzen eine hohe Raumbeständigkeit, das Schwind- und Quellverhalten ist mit weniger als 0,2 mm pro Meter vernachlässigbar, deshalb können auch große Flächen ohne Fugen und ohne nennenswerte Rissbildung hergestellt werden.
- Aufschüsselungen und Randabsenkungen finden hier nicht statt.
- Sie besitzen eine sehr hohe Frühfestigkeit und können deshalb sehr früh begangen und belastet werden, in der Regel ist ein Begehen nach 2 Tagen und ein Belasten nach 5 Tagen möglich.
- Sie besitzen eine ausgesprochen hohe Biegezugfestigkeit, was sich positiv auf die Estrichdicke bei schwimmenden Estrichen auswirkt, die dadurch „gewonnene Aufbauhöhe“ kann hier in zusätzliche Wärme- und Trittschalldämmung investiert werden.
- Die gute Fließfähigkeit sorgt für eine nahezu perfekte und hohlraumfreie Heizrohrumschließung bei Fußbodenheizungen und das dichte Gefüge für eine hohe Wärmeleitung.

- Aufgrund der niedrigen Wärmeausdehnung sind bei Fußbodenheizungen nur im geringen Umfang Bewegungsfugen erforderlich.

- Bei Heizestrichen kann bereits 7 Tage nach dem Einbau mit dem Aufheizen begonnen werden.

- Calciumsulfatfließestriche können in der Regel aufgrund ihres günstigen Verformungsverhaltens bereits 2 Tage nach dem Einbau zwangsgetrocknet werden.

- Auf Calciumsulfatfließestriche können alle möglichen Bodenbeläge verlegt warden.

Diese Estriche haben aber auch ihre Grenzen:

- Sie vertragen keine dauerhaften und massiven Feuchtebelastungen, deshalb sind sie für Außenanwendungen oder echte, dauerhaft feuchtebelastete Bereiche nicht geeignet.

- Im häuslichen Bad mit Dusch- und Badewannen können sie jedoch bedenkenlos eingesetzt werden, allerdings ist dann eine Abdichtungsebene zwischen Estrich und Oberbelag in Form einer Verbundabdichtung mit Rand-Dichtungsstreifen vorzusehen.

- Bei einer kurzfristigen Durchfeuchtung aufgrund eines Wasserschadens kann die Festigkeit des Estrichs vorübergehend gemindert werden, nach der Austrocknung, beispielsweise durch Zwangstrocknung, wird in der Regel jedoch die ursprüngliche Festigkeit wieder erreicht.

- Die Abriebfestigkeit ist geringer wie bei Zementestrichen.

- Der Einbau ist mit einem relativ hohen technischen Aufwand verbunden.

- Von den Estrichlegern wird ein hohes Maß an Sorgfalt und Sachkenntnis gefordert.

- Sie sind sehr dicht und trocknen deshalb in großer Dicke sehr langsam aus, dabei haben diese Estriche in einer Dicke bis ca. 4 cm sogar Vorteile bei der Austrocknungsgeschwindigkeit, da die Belegereife auch bei höherer Luftfeuchte erreicht wird.

Auf der Baustelle kommt es immer wieder zu Auseinandersetzungen, wenn es um die Belegereife und vor allem um die Oberflächenbeschaffenheit von neu eingebauten Calciumsulfatfließestrichen und somit um den Baufortschritt geht. Ein ganz wesentlicher Grund für die Streitigkeiten auf der Baustelle ist die Auslobung der Estrichhersteller, die in ihren technischen Unterlagen behaupten, der Calciumsulfatfließestrich muss nicht ab- oder angeschliffen werden. Bei dieser Aussage vergessen sie aber den ganz entscheidenden Nebensatz: aber nur dann, wenn der Calciumsulfatfließestrich fachgerecht und mangelfrei eingebaut wurde. Und da scheiden sich eben die Geister. Der Estrichleger zeigt dem Bauherrn die technische Unterlage des Estrichherstellers und ist der Meinung, damit ist er fein raus. Hier kann man jedem Parkett- und Bodenleger nur raten, den Bauherrn mit dem Merkblatt 4 der Industriegruppe Estrichstoffe im Bundesverband der Gipsindustrie e. V., Berlin, und des Industrieverbandes WerkMörtel e. V. Duisburg (Stand 12/2011) „Beurteilung und Behandlung der Oberfläche von Calciumsulfatfließestrichen“ [6] aufzuklären. Hier heißt es: *„Es entspricht den allgemein anerkannten Regeln der Technik, dass Fließestriche angeschliffen werden. Auf das Anschleifen kann jedoch verzichtet werden, wenn der Fließestrich eine für den Verwendungszweck ausreichende Oberfläche aufweist.“*

Und genau das muss der Parkett- und Bodenleger prüfen, beispielsweise mit der Gitterritz-, Drahtbürsten- oder Benetzungsprüfung. Wenn die Estrichoberfläche aufgrund eines Verarbeitungsfehlers mangelhaft ist, muss eine entsprechende Oberflächenbehandlung ausgeführt werden, um die Estrichoberfläche belegereif herzustellen. Harte Schalen, überwiegend verursacht durch falsche Wasserzugabe, müssen durch Abstoßen, Abschleifen, Abfräsen oder Kugelstrahlen entfernt werden. Ausblühungen, die die technischen Eigenschaften des Estrichs nicht beeinträchtigen, sind durch Abkehren zu beseitigen. Weiche und mehlige Oberflächen reduzieren die Oberflächenhärte und entstehen durch den Einbau von überwässerten Estrichen. Diese Schicht ist bis auf die feste Estrichmatrix abzuschleifen. Unzureichende Saugfähigkeit kann durch maschinelles Bürsten oder Anschleifen behoben werden. Der umstrittenste Mangel nahezu auf jeder Baustelle ist aber die sogenannte „Sinterschicht“ auch als „Kalkhäutchen“ bezeichnet. Übrigens hat sich der Begriff „Sinterschicht“, fälschlicherweise eingebürgert, obwohl diese Oberflächenerscheinung nichts mit Sintern zu tun hat. Die Ursache für die „Sinterschicht“ sind sehr kleine Gipskristalle, die sehr dicht zusammengewachsen sind, wobei eine fast gasdichte, glatte, nach oben abschließende Haut entstand. Die Entstehung dieser Haut wird durch die hohen Feinanteile des Bindemittels und/oder durch intensives Schwabbeln unterstützt. Im oben erwähnten Merkblatt 4 Stand 12/2011 wird im Absatz 2.1 „Sinterschicht“, „Kalkhäutchen“ eine ausgezeichnete Erläuterung zu dieser Problematik gegeben, die leider vielen Estrichlegern und Bauherren nicht bekannt ist und deshalb hier zitiert werden soll [6]: *„Bei der Trocknung wird durch Kapillartransport*

Wasser an die Oberfläche transportiert. Die eventuell darin gelösten Stoffe (z. B. Kalk, Additive) können sich an der Estrichoberfläche ablagern und bilden dann eine sogenannte ‚Sinterschicht‘ oder ‚Kalkhäutchen‘. Sie sind nur Bruchteile von Millimetern dick und erscheinen matt bis glänzend. Das Vorhandensein einer solchen Schicht ist visuell bzw. mittels Gitterritzprüfung, in Zweifelsfällen mit der Oberflächenfestigkeitsprüfung, festzustellen. Sinterschichten sind materialbedingt und können auch bei einwandfrei hergestellten Fließestrichen auftreten. Sie können das Haftvermögen zwischen Estrich und Belag vermindern und sind daher durch Abschaben oder Anschleifen zu entfernen.“

Auf einer großen Wohnungsbaustelle wurden ca. 6.000 m^2 beheizter Calciumsulfatfließestrich eingebaut, auf dem PVC-Designbeläge zu verlegen waren. Im Vorfeld kontrollierte der Bodenleger die Ausführung der Estricharbeiten. Mangelhaft war die Ausführung der Randdämmstreifen und die zu geringen Markierungen für die Durchführung der Feuchteprüfung mit dem CM-Gerät. Das war zwar ärgerlich, aber der Estrichleger hat hier auf seine Kosten nachgearbeitet. Zum großen Streit kam es allerdings, als der Bodenleger die mehr oder weniger intensiven „Sinterschichten“ in der Estrichoberfläche reklamierte. Der Estrichleger legte der Bauleitung eine technische Unterlage vom Estrichhersteller vor, nach der sein Estrich weder ab- noch angeschliffen werden muss. Der Bodenleger lehnte das Verlegen der PVC-Designbeläge auf diesen Estrich mit dieser „Sinterschicht“ ab. Es kam zum Rechtsstreit. Die Bauleitung bestand auf einem Schiedsgutachten und schaltete einen Sachverständigen ein.

Schadensbild/Schadensursache

Der Sachverständige stellte sowohl rein optisch als auch durch eine Gitterritz- sowie Drahtbürstenprüfung das Vorhandensein mehr oder weniger intensiver „Sinterschichten“ fest. Der Sachverständige stellte weiterhin fest, dass es sich bei den „Sinterschichten“ um einen Estrichmangel handelt und das deshalb diese Schichten mechanisch zu entfernen sind, um die sichere Anbindung der Verlegewerkstoffe – Dispersionsgrundierung, Anhydritspachtelmasse, Dispersionskleber – zu gewährleisten. Der Sachverständige begründete das mechanische Entfernen mit anschließendem Absaugen mit einem Industriesauger wie folgt:

- Die harten „Sinterschichten“ sind nicht wasserbeständig, sie werden durch den Dispersionsvorstrich angelöst.

- Der Dispersionsvorstrich kann keine feste Verbindung zu dem in diesem Fall oberflächenlabil gewordenen Calciumsulfatfließestrich aufbauen, da dieser Estrich durch den Vorstrich in der Oberfläche weich geworden ist.

- An der Estrichoberfläche finden bedingt durch das Wasser im Dispersionsvorstrich Umkristallisationsprozesse statt, die zu einer weißen „Puder- oder Staubschicht" unterhalb der Spachtelung führen.

- Sobald die später aufgebrachte Spachtelung ihre Festigkeit entwickelt, entstehen Abbinde- und Trocknungsspannungen, die wegen der gestörten Anbindung des Vorstriches an den Estrich nicht auf den Untergrund übertragen werden können. In der Folge schert die Spachtelung genau unterhalb des Vorstriches im Bereich der ehemaligen harten „Sinterschicht" ab. Es kommt zum Bruch in der Konstruktion, also zur Ablösung der Spachtelmasse vom Calciumsulfatfließestrich (Adhäsionsbruch). Das geschieht umso wahrscheinlicher, je größer die Spachteldicke ist. Verantwortlich ist hier das größere Feuchtepotenzial.

Die harten „Sinterschichten" behindern außerdem die Austrocknung des Calciumsulfatfließestriches. Bleibt der Calciumsulfatfließestrich lange feucht, bleibt er auch lange weich, da ein Calciumsulfatfließestrich feuchtigkeitsempfindlich ist. Dieses „Phänomen" wird dann auch häufig auf der Baustelle diskutiert. Sinterschichten sollten deshalb ca. 5 bis 10 Tage nach dem Einbau des Estriches mechanisch entfernt werden. Nach dem mechanischen Entfernen der harten „Sinterschichten" ist der Estrich mit einem Industriesauger gründlich abzusaugen.

Bei den „Sinterschichten" handelt es sich um einen Estrichmangel, der in der Regel vom Estrichleger zu beseitigen ist. Diese Mangelbeseitigung ist nicht zu verwechseln mit dem Sauberschliff der Estrichoberfläche, der unmittelbar vor dem Einbau der Verlegewerkstoffe vom Verarbeiter auszuführen ist. Wird der Parkett- oder Bodenleger mit der Beseitigung der harten „Sinterschichten" beauftragt, ist dem Verarbeiter diese Bauleistung als besondere Leistung extra zu vergüten.

Schadensbeseitigung

Der Estrichleger hat die „Sinterschichte" mechanisch zu seinen Lasten entfernt. Dadurch war eine schadensfreie Verlegung der PVC-Designbeläge möglich und gewährleistet.

Intensive „Sinterschicht“ auf einen neu eingebauten beheizten Calciumsulfatfließestrich.

Das Entfernen der „Sinterschicht“ wurde mit einer Drahtbürste geprüft.

5. Verantwortlichkeit des Betonlieferanten bei erhöhtem Luftporengehalt und Fließmitteleinsatz

In bestimmten Fallkonstellationen kann das eingesetzte Baumaterial fehlerhaft sein und dadurch Mängel entstehen. Auch hier geht die Tendenz dahin, zuerst den ausführenden Handwerker für den Mangel verantwortlich zu machen. So auch in dem folgenden Fall: Im Rahmen des Neubaus einer Produktionshalle beauftragte der Auftraggeber den Auftragnehmer mit der Herstellung der Betonbodenplatten. Diese sollten nach der Vereinbarung der Parteien aus einem fugenlosen Faserbeton hergestellt werden. Den erforderlichen Beton bestellte der Auftragnehmer bei zwei als Liefergemeinschaft arbeitenden Betonunternehmen. Der Beton wurde geliefert, und der Auftragnehmer begann mit der Ausführung der Arbeiten.

Schadensbild

Nachdem sich diverse Hohlstellen unter der Oberfläche gebildet hatten, wurde der Auftragnehmer vom Auftraggeber auf die Mängel angesprochen. Während der Auftragnehmer die Mängel beseitigte, zeigte sich, dass bei den Abplatzungen durch leichtes Klopfen und Stemmen große Schollen entstanden. Es kam zusätzlich auch zu Rissen. An diesem Punkt wurden die Mängel von dem Auftragnehmer auch den Betonlieferanten gegenüber angezeigt.

Der Auftragnehmer ließ die Mängel von einem Privatgutachter überprüfen. Dieser gelangte zu dem Ergebnis, dass die aufgetretenen Mängel auf den gelieferten Beton zurückzuführen waren. Eine Laboruntersuchung ergab außerdem, dass eine falsche Betonsorte geliefert wurde und dies im Zusammenspiel mit den verwendeten Fließmitteln zu den entstandenen Schäden führte.

Der Auftragnehmer wurde vom Auftraggeber zur Mangelbeseitigung aufgefordert. Unmittelbar im Anschluss verlangte der Auftragnehmer von den Betonlieferanten im Rahmen der Nacherfüllung die Lieferung mangelfreien Betons.

Schadensursache

Im anschließenden selbstständigen Beweisverfahren kam der gerichtlich bestellte Sachverständige ebenfalls zu dem Ergebnis, dass der gelieferte Beton, aufgrund der Wechselwirkung zwischen dem verwendeten Zement und dem verwendeten Fließmittel, schadensursächlich war. Zusätzlich wurde festgestellt, dass der gelieferte Beton einen viel höheren Luftporengehalt aufwies, als eigentlich geplant war.

Der Sachverständige betonte auch, dass der erhöhte Luftporenanteil vom Auftragnehmer bei Anlieferung des Betons nicht festgestellt werden konnte und eine dahingehende Prüfung auch nicht erforderlich war.

Juristische Betrachtung

Da die Betonlieferanten zu einer Lieferung mangelfreien Betons nicht bereit waren, wurde der mangelhafte Industriefußboden schließlich auf Kosten des Auftraggebers saniert.

Die dadurch entstandenen Kosten und damit verbundenen Schäden wollte der Auftraggeber natürlich vom Auftragnehmer ersetzt haben. Der Auftragnehmer verlangte seinerseits eine Übernahme der Kosten durch die Betonlieferanten. Diese reagierten darauf nicht. Es kam zum Rechtsstreit, in dem der Auftragnehmer von den Betonlieferanten Schadensersatz forderte. In erster Instanz sprach das Landgericht dem Auftragnehmer den Anspruch in Höhe von 80 % zu.

In juristischer Hinsicht bestand hier die Besonderheit insbesondere in der Beantwortung der Frage, ob der Auftragnehmer seine Prüf- und Rügeobliegenheiten beachtet und dadurch seine Ansprüche nicht verloren hatte. Der Auftragnehmer hatte dabei den mangelhaften Beton erst nach dem Erhalt der Laborergebnisse moniert. Dies reichte nach Ansicht des Gerichts aber aus, da sich die Mängel des Betons erst später zeigten.

Zusätzlich bestand hier sowohl aus dem juristischen als auch technischen Blickwinkel die besondere Schwierigkeit, die Mangelursache und den dafür Verantwortlichen zu ermitteln. Hierfür lieferten die eingeschalteten Sachverständigen die notwendigen technischen Erkenntnisse, welche den beteiligten Rechtsanwälten ein effektives Vorgehen und die Geltendmachung von Ansprüchen gegenüber den Verantwortlichen ermöglichten. Dem erkennenden Gericht wurden die für eine Entscheidung notwendigen Tatsachen von den Sachverständigen geliefert. Damit macht der Fall einmal mehr deutlich, wie sehr Gerichte und Rechtsanwälte in komplizierten Baustreitigkeiten auf technischen Sachverstand angewiesen sind.

6. Blasenbildung aufgrund einer Alkali-Kieselsäure-Reaktion

Auch in diesem Fall war mangelhaftes Baumaterial und eine darauf beruhende chemische Reaktion für das Schadensbild ursächlich.

Zur Errichtung einer Produktionsstätte wurde der Auftragnehmer mit der Herstellung eines beschichteten Betonfußbodens für den gesamten Produktions- und Lagerbereich beauftragt. Der dafür benötigte Beton wurde bei einem Betonlieferanten bestellt. In dem Bestellschreiben wurde u. a. ausdrücklich vermerkt, dass eine Alkali-Kieselsäure-Reaktion auszuschließen ist. Von dem Betonlieferanten wurde Beton ausgeliefert und der Betonfußboden vom Auftragnehmer errichtet.

Schadensbild

Nach einer Zeit von etwa 2,5 Jahren kam es in der Fußbodenbeschichtung zu Blasenbildungen. Der Auftraggeber nahm den Auftragnehmer wegen der Blasenbildung in Anspruch. Der Auftragnehmer forderte wiederrum den Betonlieferanten zur Mangelbeseitigung und Freistellung von den gegen ihn gerichteten Ansprüchen auf. Der Betonlieferant stritt jede Verantwortlichkeit für die Blasenbildung ab. Der Auftragnehmer musste also gerichtliche Hilfe in Anspruch nehmen.

Schadensursache

Im selbstständigen Beweisverfahren kam der gerichtlich bestellte Sachverständige zu dem Ergebnis, dass die Blasenbildung auf eine Alkali-Kieselsäure-Reaktion zurückzuführen war. Diese Reaktion beruhte wiederum darauf, dass auf der Baustelle kein Frischbeton ausgeliefert wurde.

Ein Ausführungsfehler des Auftragnehmers wurde vom Sachverständigen ausgeschlossen. Außerdem wurde betont, dass die Mangelhaftigkeit des Betons vom Auftragnehmer nicht hätte erkannt werden können. Hierfür wäre das Know-how und die technische Ausrüstung eines Beton- oder Materialprüflabors erforderlich gewesen, was dem ausführenden Bauunternehmen in der Regel nicht zur Verfügung steht.

Juristische Betrachtung

Da der Betonlieferant auch nach der Durchführung des selbstständigen Beweisverfahrens auf die Aufforderung zur Mangelbeseitigung und zur Freistellung von den Ansprüchen des Auftraggebers nicht reagierte, erhob der Auftragnehmer Klage.

Aufgrund der Feststellungen des gerichtlich bestellten Sachverständigen im selbstständigen Beweisverfahren gab das Gericht dem Auftragnehmer Recht. Hierbei spielte auch die Formulierung in dem Bestellschreiben eine erhebliche Rolle, wonach eine Alkali-Kieselsäure-Reaktion auszuschließen ist. Das Gericht stützte sein Urteil maßgeblich auf diese Vereinbarung und die Feststellungen des Sachverständigen.

Dem Betonlieferanten drohte die Übernahme enormer Kosten, da im Zuge der Sanierung ein Teil der Produktion des Bestellers ausgelagert werden sollte. In zweiter Instanz kam dann letztlich ein Vergleich zustande.

Der Betonuntergrund war außerdem gerissen.

Fachgerecht ausgeführte Beschichtung.

7. Die Taktik ging nicht auf

Es wurde bereits in einigen Fällen deutlich, dass der Einsatz von Sachverständigen zur Beendigung eines Rechtsstreits beitragen kann. Der Grund hierfür liegt aber nicht immer nur in der Aufklärung von technischen Fragen. Manchmal lässt sich eine Partei schon durch die Ankündigung einer weiteren Prüfung zur Aufgabe ihrer Taktik bewegen und so eine schnelle Beendigung des Rechtsstreits herbeiführen. So auch in diesem Fall.

Der Auftragnehmer wurde mit der Sanierung des Fußbodens in einer Produktionshalle beauftragt, die bereits zu DDR-Zeiten errichtet worden war. Die Sanierung wurde ausgeführt, abgenommen und abgerechnet.

Schadensbild

Ungefähr einen Monat nach Ausführung der Arbeiten zeigten sich Risse im Fußboden. Der Auftraggeber hatte nach eigenen Angaben ermittelt, dass vom Auftragnehmer eine Untergrundvorbereitung (Kugelstrahlen) des Fußbodens nicht durchgeführt und der Einbau einer PE-Flachfolie 100 my als Trenn- und Gleitlage schlicht unterlassen worden sei. Zusätzlich wurde angeführt, dass die Geschossdecke der Produktionshalle nun eine deutlich verringerte Tragfähigkeit aufweise. Die vom Auftraggeber in seiner Produktion verwendeten Gitterboxen könnten deshalb nicht mehr aufeinandergestapelt werden.

Schadensursache

Zur Ermittlung der Schadensursache wurden vom Gericht zwei Sachverständige beauftragt.

Der erste gerichtlich beauftragte Sachverständige setzte sich vorrangig mit der Rissbildung im Fußboden auseinander. Er betonte, dass nicht mehr aufklärbar sei, ob der Hallenfußboden mittels Kugelstrahlen vorbehandelt wurde. Aufgrund der Platten-Riegel-Konstruktion hätte der Auftragnehmer aber Bewegungsfugen einbauen müssen, um den starren Verbund zu lösen. Hinsichtlich der Tragfähigkeit äußerte er keine Bedenken. Zugleich wies er aber darauf hin, dass diese Thematik nicht in sein Fachgebiet falle. Somit musste das Gericht einen weiteren Sachverständigen beauftragen.

Nach einer ersten Einschätzung des zweiten Sachverständigen war die Tragfähigkeit der Halle wesentlich größer als ausgewiesen. Dies hätte aber weder vom Auftraggeber, noch vom Auftragnehmer bei Planung des Sanierungskonzepts erkannt werden können. Zusätzlich wurden vom zweiten Sachverständigen Möglichkeiten zur konkreten Ermittlung der Tragfähigkeit der Hallenkonstruktion aufgezeigt.

Juristische Betrachtung

Die Klage des Auftraggebers stand nach den Ausführungen der Sachverständigen nur noch auf wackligen Füßen. Aufgrund der Feststellungen des ersten Sachverständigen blieb die Behauptung, dass keine Vorbehandlung mittels Kugelstrahlen erfolgt sei, unbewiesen.

Die vom zweiten Sachverständigen vorgeschlagene Messung der Tragfähigkeit wurde vom Auftraggeber – zur Überraschung des Gerichts und des Auftragnehmers – nicht veranlasst. Der Auftraggeber änderte seine Auffassung und hielt eine weitere Untersuchung für nicht mehr erforderlich. Er konnte dadurch nicht beweisen, dass ein Stapeln der Gitterboxen nicht mehr möglich war.

Als Mängel wurden somit nur die fehlenden Bewegungsfugen festgestellt und bewiesen. Die Kosten für deren Einbau machten lediglich einen Bruchteil der ursprünglich verlangten Mängelbeseitigungskosten aus.

Die Einschätzung des zweiten Sachverständigen hatte offensichtlich ausgereicht, um den Auftraggeber von seinem ursprünglich geplanten Vorgehen abzubringen. Eine weitere Untersuchung hätte höchstwahrscheinlich eine Verschlechterung der Tragfähigkeit eindeutig widerlegt. Die Taktik, hierauf einen Anspruch zu stützen, ging somit nicht auf.

8. Bewegungsfugen im Oberbelag

Bewegungsfugen trennen den gesamten Estrichquerschnitt von der Oberkante des Estrichs bis auf den tragenden Untergrund oder bis auf die Abdeckung der Dämmschicht. Bewegungsfugen müssen Längenänderungen (Dehnung und Stauchung), also Verformungen bzw. Bewegungen des Estrichs beispielsweise durch Schwinden, Temperatureinwirkung oder Belastung, sowohl in waagerechter als auch in senkrechter Richtung ermöglichen. Laut BEB Merkblatt „Hinweise für Fugen in Estrichen, Teil 2: Fugen in Estrichen und Heizestrichen auf Trenn- und Dämmschichten nach DIN 18560-2 und DIN 18560-4“ (Stand November 2015, [7]) muss der Bauwerksplaner einen Fugenplan erstellen, aus dem die Anordnung und die Art der Fugen eindeutig zu entnehmen sind. Der Fugenplan ist als Bestandteil der Leistungsbeschreibung dem Ausführenden vorzulegen. Fußbodenbewegungsfugen können und dürfen nicht vom Bodenleger ohne Fugenplan angeordnet werden. Fußbodenbewegungsfugen müssen genau auf den Verwendungszweck hinsichtlich der Lage, der Breite, der Verfüllung und der Ausbildung in einem Oberbelag abgestimmt und geplant werden. Dabei ist die endgültige Lage der Fugen vor der Ausführung durch den Bauwerksplaner in Abstimmung mit allen Beteiligten vor Ort, z. B. in Form eines Koordinierungsgesprächs, festzulegen. Gründe hierfür sind:

- Nur der Planer kennt die Nutzung der Fußbodenkonstruktion und eventuelle Besonderheiten.
- Nur der Planer kann und muss gestalterische und ästhetische Erfordernisse berücksichtigen.
- Nur der Planer hat die Abstimmungsmöglichkeiten von Belag, Estrich und Heizung.
- Bewegungsfugen und Bauwerksfugen sind nach den Vorgaben des Planers mit Profilen oder geeigneten Fugenmassen auszuführen.

- Werden Fußbodenbewegungsfugen nicht oder falsch angeordnet oder sogar kraftschlüssig geschlossen, können u. a. folgende Schäden und Mängel auftreten:
  - Schäden an der Fußbodenheizung
  - Risse und Schüsselungen im Estrich
  - Ablösung der Spachtelmasse
  - Blasen und Beulen sowie die sogenannte Würmchenbildung im Oberbelag
  - Stippnähte und Stolperstellen im Oberbelag
  - Im Extremfall kann es zur Zerstörung der Fußbodenheizung und des Estrichs kommen. Die Folgen wären der Rückbau und die Erneuerung der gesamten Fußbodenkonstruktion, verbunden mit Nutzungs- und Verdienstausfall.

Fugenpläne sind leider nur graue Theorie. Im Reklamationsfall werden diese Pläne aber zur Realität. Denn dann beginnt der Streit, wer die Reklamation zu verantworten hat. So war es auch im nachfolgend geschilderten Fall.

Schadensbild

In einem sehr großen Raum kam es in der Mitte des Raumes zur Aufwölbung des Belages und Ablösung der Spachtelmasse (siehe nachfolgendes Bild) vom Heiz-Zementestrich. Der Bauherr reklamierte diesen Schaden. Der Bodenleger war sich keiner Schuld bewusst, da der PVC-Belag, den er im gesamten Gebäude verlegt hatte, ohne Beanstandung war. Der Bodenleger legte es auf einen Rechtsstreit an, der dann im Rahmen eines Schiedsgutachtens geklärt werden sollte.

Die Bewegungsfuge wurde zementär überspachtelt, deshalb kam es zum Schaden.

Schadensursache

Der Bodenleger hatte die Bewegungsfuge einfach ignoriert, überspachtelt und den Belag verlegt. Durch die Bewegungen des Heiz-Zementestrichs kam es zu Spannungen, die zur Ablösung der Spachtelmasse und des Belages führten.

Schadensbeseitigung

Der Bodenleger hat im Bereich der Bewegungsfuge den Belag geöffnet, die Spachtelmasse aus der Bewegungsfuge entfernt, neu grundiert und so gespachtelt, dass die Bewegungsfuge frei blieb, anschließend ein geeignetes Fugenprofil eingesetzt und den Belag fachgerecht verlegt.

Juristische Betrachtung

Planer und Bodenleger haben sich die Kosten für die Beseitigung dieses Schadens geteilt. Die Begründung des Sachverständigen lautete wie folgt: Der Planer hätte einen

Fugenplan dem Bodenleger übergeben müssen, aus dem hervorgeht, welche Fugen wie als Bewegungsfuge auszubilden sind und welche Fugen kraftschlüssig zu verharzen sind. Das hat der Planer versäumt. Der Bodenleger hätte aber vom Planer den Fugenplan einfordern müssen. Das hat der Bodenleger versäumt. Der Bodenleger hat eigenmächtig die Bewegungsfuge falsch überarbeitet.

Das Schließen dieser Bewegungsfuge ist sehr problematisch.

9. Verformungen des Gussasphaltestrichs in einer Tiefgarage durch warme Automotoren und Autoreifen

In der Tiefgarage eines Modehauses wurde auf einer Fläche von 7.000 m^2 Gussasphaltestrich eingebaut, der anschließend beschichtet wurde.

Schadensbild

Etwa ein halbes Jahr nach der Abnahme traten in einer Fläche von ca. 450 m^2 folgende Mängel besonders in den Bereichen der Aufstandsflächen der Autoräder auf: Die Bodenbeschichtung löste sich vom Gussasphalt ab, im Bereich der Räder bildeten sich wenige Millimeter tiefe Eindrücke, und es entstanden Risse in einer Länge von 20 bis 40 cm und einer Breite von 2 bis 4 mm in der Bodenbeschichtung. Da es sich hier nur um eine Teilfläche handelte, in der diese Mängel auftraten, kam es zum Rechtstreit, da sich die Beschichtungsfirma und der Auftragnehmer der Gussasphaltarbeiten keiner Schuld bewusst waren. Ein Sachverständiger wurde vom Gericht beauftragt, die Schadensursache zu klären.

Schadensursache

Im Rahmen des Beweissicherungsverfahrens stellte der gerichtlich bestellte Sachverständige fest, dass die Ursache für die aufgetretenen Mängel auf die wenige Millimeter dünne, bindemittelreiche, oberste Schicht des Gussasphaltestrichs in diesem Bereich zurückzuführen war. Besonders heiße Automotoren, aber auch warme Autoreifen hatten die oberflächennahen, bindemittelreichen Bereiche des Gussasphaltestrichs erwärmt und dadurch erweicht. Es kam zu einigen Millimeter dicken Eindrücken im Bereich der Autoreifen in den Gussasphaltestrich. Da die Bodenbeschichtung dieser Verformung nicht standhalten konnte, entstanden die im Schadensbild beschriebenen Risse. Weiter stellte der Sachverständige fest, dass das verwendete Beschichtungsmaterial den geplanten Erfordernissen entsprach. Der Gutachter führte auch aus, dass eine Untergrundvorbehandlung durch Kugelstrahlen womöglich zu einer Schadensvermeidung hätte beitragen können.

Schadensbeseitigung

Die Beschichtungsfirma schloss fachgerecht die Risse und Abplatzungen, die geringen Eindrücke im Gussasphalt wurden nicht ausgebessert.

Juristische Betrachtung

Nachdem zwischen dem Auftraggeber, dem Gussasphaltunternehmen sowie dem Beschichtungsunternehmen bereits das selbstständige Beweisverfahren geführt wurde, erhob der Auftraggeber Klage auf Zahlung von Kostenvorschuss zur Mangelbeseitigung. Während zulasten der Gussasphaltfirma nach Ablauf der Frist zur Verteidigungsanzeige ein Versäumnisurteil erging, bestand zwischen dem Auftraggeber und der Beschichtungsfirma Streit darüber, ob vor Ausführung der Beschichtungsarbeiten eine Untergrundvorbehandlung mittels Kugelstrahlen erforderlich gewesen wäre. Insbesondere war in diesem Zusammenhang strittig, ob der Beschichtungsfirma die ungewöhnlich bindemittelreiche Schicht in der oberen Estrichrandzone des Gussasphalts hätte auffallen müssen. Der Arbeitsgang einer Untergrundvorbehandlung durch Kugelstrahlen war nicht gesondert ausgeschrieben. Das technische Merkblatt des verwendeten Beschichtungsmaterials enthielt jedoch den Hinweis, dass die Überprüfung der Haftzugfestigkeit und die Ausführung von Untergrundvorbehandlungen zwar empfohlen, für die Verarbeitung des Materials zwingend nicht notwendig sei. Bestätigt wurde dies auch durch eine schriftliche Stellungnahme des Materiallieferanten. Die Erforderlichkeit der Untergrundvorbehandlung durch Kugelstrahlen konnte gerichtlich nicht festgestellt werden, da ca. 94 % der gesamten Fläche in der Tiefgarage in ständiger Benutzung waren, ohne dass Rissbildungen in der Bodenbeschichtung auftraten. Weiterhin stellte das Gericht fest, dass für das Beschichtungsunternehmen die mangelhafte Qualität des Gussasphalts in der oberen Estrichrandzone des betreffenden Teilbereiches nicht erkennbar war.

Zur Beendigung des Rechtstreites verständigten sich die Parteien auf die Zahlung eines Vergleichsbeitrages in Höhe von 2.500 Euro durch die Gussasphaltfirma.

Im Gegenzug nahm der Auftraggeber die Klage, mit welcher ein Kostenvorschuss zur Mangelbeseitigung in Höhe von 43.000 Euro begehrt wurde, vollumfänglich zurück. Die Sanierungsarbeiten wurden der Beschichtungsfirma vom Auftraggeber erstattet.

10. Die Oberflächenfestigkeit des Estrichs war nicht die Schadensursache

Im Kommentar und Erläuterungen zur VOB DIN 18365 – Bodenbelagsarbeiten (Stand 2010, [8]) heißt es im Abschnitt „Nicht genügend feste Oberfläche des Untergrundes“: *„Nicht ausreichend feste Oberflächen verhindern eine dauerhafte Verbindung mit den Spachtel- und Ausgleichsmassen, dem Kleber und dem Bodenbelag. Derartige Oberflächen bedürfen einer besonderen Vorbehandlung. Die Art der Vorbehandlung (z. B. Schleifen, Absaugen, Voranstrich) und des Vorbehandlungsmaterials (Voranstrich) ist von der Estrichart und dem Grad der nicht ausreichenden Oberflächenfestigkeit abhängig. Auch auf sogenannten ‚wundgelaufenen Stellen‘ kann nicht ohne weiteres die Verarbeitung der Bodenbeläge erfolgen. Dadurch notwendige (besondere) Voranstriche zur Erzielung einer guten Haftfestigkeit von Spachtel- und Ausgleichsmassen auf der Untergrundoberfläche gehören nicht zu den Nebenleistungen des Auftragnehmers; dabei handelt es sich um eine besondere Leistung.“*

Zur Feststellung der Oberflächenfestigkeit mineralischer Neu- und Altestriche stehen folgende Prüfmöglichkeiten zur Verfügung:

- visuelle Prüfung
- Gitterritzprüfung
- Drahtbürstenprüfung
- Hammerschlagprüfung
- Klebeprobe mit dem Oberbelag
- Oberflächenzug bzw. Haftzugfestigkeitsprüfung nach BEB-Merkblatt 10/2017 [9]. Bei dieser Prüfung handelt es sich um keine Regelprüfung, da sie keine handwerksgerechte Prüfungsart für den Verarbeiter darstellt. Parkett- und Bodenleger müssen diese Prüfungen nicht durchführen.

Schadensbild

In einem Pflegeheim wurde ein neuer Calciumsulfatfließestrich in einer Größenordnung von 3.100 m^2 eingebaut, auf dem ein Linoleumbelag verlegt wurde. Der Estrich wurde geschliffen, mit einem Industriesauger abgesaugt, mit einer Dispersion grundiert und zementär gespachtelt. Bereits kurze Zeit nach der Ausführung der Bodenbelagsarbeiten löste sich in großen Teilbereichen die Spachtelmasse leicht und problemlos vom Untergrund ab, es entstanden Blasen und Beulen sowie Stolperkanten im Linoleumbelag. Der Auftraggeber rügte diesen Mangel und forderte den Bodenleger auf, diesen Mangel umgehend zu beseitigen. Da sich der Bodenleger keiner Schuld bewusst war, kam es zum Rechtsstreit, der letztendlich vor Gericht endete.

Schadensursache

Die Parteien schalteten insgesamt vier Privatgutachter ein. Die Privatgutachten differierten sowohl in der Bewertung der Mangelursache als auch in der Frage der geeigneten und erforderlichen Maßnahmen zur Mängelbeseitigung. Zwei Gutachter waren der Meinung, dass die mangelhafte Oberflächenfestigkeit des Estrichs schadensursächlich sei. Der Bodenleger hatte mit der Gitterritzprüfung die Oberflächenfestigkeit geprüft und nichts beanstandet. Von den beiden Sachverständigen wurde diese Prüfung der Oberflächenfestigkeit in Zweifel gezogen, da diese Prüfung sehr viel Erfahrung erfordert und nicht immer die richtige Einschätzung liefert. Deshalb hat ein Sachverständiger im Nachhinein Haftzugfestigkeitsprüfungen durchgeführt, also nachdem die schadhafte Spachtelmasse und der Linoleumbelag entfernt worden waren. Die erzielten Haftzugswerte entsprachen in der Mehrzahl den erforderlichen Vorgaben gemäß BEB-Merkblatt 10/2017 [9]. Die beiden Gutachter, die die Oberflächenfestigkeit des Estrichs als schadensursächlich ansahen, verlangten aufgrund der bei der Haftzugprüfung teilweise nicht ganz erreichten Haftzugwerte ein Abfräsen der oberen Estrichrandzone um 10 mm, um die erforderliche Oberflächenfestigkeit zu erzielen. Das hätte bedeutet, die Schuld für diesen Schaden lag beim Estrichleger. Diese Schuldzuweisung wurde vom Estrichleger nicht akzeptiert. Daraufhin wurden Proben aus dem Estrichquerschnitt genommen und im Labor überprüft mit dem Ergebnis, dass der neue eingebaute Calciumsulfatfließestrich ohne jegliche Beanstandung war. Als Schadensursache wurde vom Labor folgender Verarbeitungsmangel des Bodenlegers ermittelt: Der Bodenleger hatte die Grundierung auf dem Calciumsulfatfließestrich zu wässrig eingestellt und nicht ausreichend abtrocknen lassen, sodass das Anmachwasser der Spachtelmasse zu einer Nachhydratation geführt hat. Den Linoleumbelag konnte man mit der rückseitig anhaftenden Zementspachtelung von der oberen Estrichrandzone ohne großen Kraftaufwand abziehen.

Schadensbeseitigung

Der Linoleumbelag und die zementäre Spachtelung im gesamten Bauvorhaben wurden entfernt. Die Estrichoberfläche wurde mit einer Diamantschleifmaschine bearbeitet und anschließend mit einem Industriesauger abgesaugt. Dann wurde der Estrich fachgerecht mit einer Dispersionsgrundierung grundiert, mit einer Anhydritspachtelmasse gespachtelt und der Linoleumbelag mit einem Dispersionskleber geklebt.

Juristische Betrachtung

Den Schaden hatte der Bodenleger durch einen Verarbeitungsfehler verursacht. Im Nachhinein wurden die beiden Privatgutachten, die eine mangelhafte Oberflächenfestigkeit des Estrichs als Schadensursache ausgewiesen hatten, als reine Gefälligkeitsgutachten deklariert. Der Gesamtschaden lag bei ca. 250.000 Euro. Diese hohe Schadenssumme hätte die Bodenlegerfirma wirtschaftlich nicht überstanden. Deshalb haben sich Auftraggeber und Auftragnehmer vor dem OLG verglichen.

Der Calciumsulfatfließestrich war fachgerecht eingebaut.

11. War der Raumausstatter wirklich schuld?

Fehler beim Einbau von Trockenestrichkonstruktionen machen sich in erster Linie im Oberbelag bzw. Parkett bemerkbar. Das bedeutet, bei Reklamationen ist zuerst der Parkett- und Bodenleger im betreffenden Objekt gefragt und muss Rede und Antwort stehen. Dass Fehler beim Einbau der Trockenestrichkonstruktionen gemacht wurden, ist zunächst einmal zweitrangig. Strittig sind in einem solchen Fall besonders die Prüf- und Hinweispflichten der Parkett- und Bodenleger. Kommt ein Streit um die Schadensursache und die Verantwortlichkeit für den Schaden vor Gericht, heißt es nicht selten, Parkett- und Bodenleger, hätten das prüfen und wissen müssen.

Der neuste Stand der Technik ist im TKB-Merkblatt 10 „Bodenbelags- und Parkettarbeiten auf Fertigteilestrichen – Holzwerkstoff- und Gipsfaserplatten“ (Stand März 2016, [10]) zusammengefasst. Gerade bei Streitigkeiten vor Gericht ist es wichtig, dass Parkett- und Bodenleger auch die Hinweise und Erläuterungen der Hersteller der Holzwerkstoffplatten kennen und beachten. Aber auch Planer/Architekten gehen teilweise leger und oberflächlich mit diesen Hinweisen und Angaben der Plattenhersteller um und sind dann plötzlich ganz überrascht, wenn auch sie Schuld an der Reklamation tragen.

Werden Bodenbelags- und Parkettarbeiten auf Spanplatten ausgeführt, müssen die Spanplatten den Festigkeitsklassen P4 bis P7 entsprechen. Bei der Verlegung von Bodenbelägen und Parkett sind ausschließlich OSB/2 bis OSB/4 zu verwenden. Muss der Parkett- und Bodenleger wissen und prüfen, welche Holzwerkstoffplatten tatsächlich auf der Baustelle eingebaut wurden? Nur wenn er das weiß, kann er auch beurteilen, ob er auf diese Platten schadensfrei seine Oberbeläge verlegen kann. Wegen dieser „Prüf-Grauzone“ hat es schon viel Streit gegeben. Deshalb sollte sicherheitshalber vom Parkett- und Bodenleger beim Verarbeiter der Holzwerkstoffplatten nachgefragt werden, welche Platten tatsächlich eingebaut wurden. Ein Vermerk über die Antwort des Plattenverlegers ins Bautagebuch kann auf keinen Fall schaden. In diesem Zusammenhang sollte der Plattenleger gefragt werden, in welcher Verlegeart die Holzwerkstoffplatten eingebaut wurden. In der Regel werden Holzwerkstoffplatten auf drei verschiedenen Verlegearten eingebaut:

- Verlegung direkt auf Dielenböden (vor allem direkt auf alte Dielenböden),
- schwimmende Verlegung,
- Verlegung auf Lagerhölzern.

Die Verlegeart bestimmt ganz entscheidend die Prüf- und Hinweispflichten.

Auch bei Holzwerkstoffplatten gilt: Der Auftragnehmer für Parkett- und Bodenbelagsarbeiten hat mit der im Verkehr üblichen Sorgfalt den Untergrund auf Verlegereife zu überprüfen. Im Kommentar zur DIN 18365 Bodenbelagsarbeiten (Stand Januar 2017, [3]) wird auf den Begriff „insbesondere" großen Wert gelegt. Dazu heißt es hier: *„Der Ausdruck ‚insbesondere' besagt, dass die aufgeführten Mängel (im Hinblick auf die Prüf- und Hinweispflichten) des Untergrundes nur als Beispiele zu bewerten sind und dass die Verpflichtung des Auftragnehmers auch für andere, hier nicht aufgeführte Mängel gilt (z. B. das Vorhandensein spezieller, für den Auftragnehmer erkennbaren, Trennschichten auf der Oberfläche des Untergrundes, Ausblühungen etc.). Der Auftragnehmer ist zu einer Prüfung des Untergrundes im Rahmen der vorstehend angeführten Beispiele verpflichtet. Die Prüfungen müssen vom Bodenleger mit den ihm zur Verfügung stehenden gewerblichen Mitteln und Geräten durchgeführt werden. Dabei ist es wichtig, dass der Auftraggeber in der Leistungsbeschreibung die vorhandene Art des Untergrundes eindeutig angibt, damit sich der Auftragnehmer auf seine diesbezüglichen Sorgfalts- und Prüfpflichten einstellen kann."*

Diese Aussage ermöglicht den Gerichten einen großen Spielraum. Bei den Holzwerkstoffplatten könnte man die ketzerische Frage stellen, welche speziellen Prüfungen der Parkett- und Bodenleger ausführen muss, um im Reklamationsfall vor Gericht zu bestehen. Dazu einige Beispiele:

- Welche Mindestdicke müssen die Holzwerkstoffplatten besitzen, um eine schadensfreie Ausführung der Parkett- und Bodenbelagsarbeiten zu gewährleisten? Muss der Parkett- und Bodenleger diese Mindestdicke prüfen und kann er überhaupt beurteilen, ob die gewählte Mindestdicke den bautechnischen Erfordernissen entspricht? Die Plattendicke hängt von der Verlegeart, dem Auflagerabstand und den zu erwartenden Belastungen ab. Das kann eigentlich nur ein Planer wissen und beurteilen.

- Wie stark darf ein Fußboden aus Holzwerkstoffplatten beim Begehen „schwingen"? Diese Beurteilung ist immer subjektiv und nicht selten umstritten. Grundsätzlich müssen auch Verlegeuntergründe aus Holzwerkstoffplatten eben und fest sein, wobei sich sehr geringe Schwingungen manchmal nicht vermeiden lassen. Allerdings muss der Parkett- und Bodenleger sofort Bedenken anmelden, wenn sich der Verlegeuntergrund aus Holzwerkstoffplatten relativ stark durchbiegt. Dadurch wird es zu einer Dehnung des Oberbelages, verbunden mit einer Blasenbildung im Belag, kommen. Diesen Mangel kann ein aufmerksamer Verarbeiter von vornherein ausschließen.

- Wenn der Parkett- und Bodenleger vor Beginn seiner Arbeiten beim Begehen des Verleguntergrundes aus Holzwerkstoffplatten Knarrgeräusche feststellt, muss er sofort beim Bauherrn schriftlich Bedenken anmelden. Durch die Ausführung der Parkett- und Bodenbelagsarbeiten werden diese Geräusche nicht beseitigt. Der Bauherr muss dann dafür sorgen, dass diese Knarrgeräusche bereits im Vorfeld abgestellt werden.

- Kann und muss der Parkett- und Bodenleger den Einbau der richtigen Befestigungsmittel und deren richtigen Abstand prüfen? Es ist unzumutbar, dass der Parkett- und Bodenleger überprüft, welche Befestigungsmittel in welchem Abstand über die gesamten Flächen verwendet wurden. Aber auch hier hatten Gerichte völlig verschiedene Vorstellungen von der Schuldfrage. Besonders wichtig sind hier die Aussagen der Hersteller der Holzwerkstoffplatten.

- Die Holzwerkstoffplatten sollten im Versatz verlegt sein. Diesen Versatz muss der Parkett- und Bodenleger prüfen.

Schadensbild

In einem Bürogebäude wurde ein Teppichboden direkt auf neue, schwimmend verlegte Spanplatten Typ P7 geklebt. Schon nach kurzer Zeit zeichneten sich die Spanplatten im Teppichboden ab, und es kam auch zu Falten- und Beulenbildung im Teppichboden. Der Bauherr reklamierte diesen Mangel. Der Bodenleger war der Meinung, dass er die Klebung/Verlegung des Teppichbodens fachlich korrekt ausgeführt habe und dass diese Mängel ein Problem des Untergrundes, sprich der Verlegung des Plattenlegers sei. Der Plattenleger lehnte jede Schuld ab, und es kam zum Rechtsstreit, der vor Gericht landete.

Schadensursache

Nut-Feder-Verbindungen müssen bei der schwimmenden Verlegung von Spanplatten verleimt sein. Andernfalls kommt es in der Regel zum Abzeichnen der Spanplatten im Oberbelag sowie zur Falten- und Beulenbildung aufgrund der Bewegungen im Nut-Feder-Bereich infolge der Fußbodennutzung. Genau das war hier der Fall.

Schadensbeseitigung

Die Schadensbeseitigung war sehr aufwendig. Die verlegten Spanplatten wurden alle entfernt und neue Spanplatten fachgerecht verlegt. Der Bodenleger hat anschließend den Teppichboden direkt auf die Spanplatten geklebt, ohne Beanstandung.

Juristische Betrachtung

Das zuständige Oberlandesgericht urteilte wie folgt: *„Der Raumausstatter hätte die Fehlerhaftigkeit des Untergrundes erkennen müssen und hätte den Bauherrn auf das damit verbundene Risiko aufmerksam machen müssen. Er hat die unter den gegebenen Umständen erforderlichen sach- und fachgerechten Maßnahmen nicht ergriffen."*

Die Gesamtkosten für die Beseitigung dieses Schadens, die der Bodenleger tragen musste, betrugen 15.000 Euro. Ist dieses Urteil richtig? Kann der Bodenleger rein optisch erkennen (eine andere Möglichkeit gibt es ja nicht), ob die Platten in der Nut-Feder-Verbindung überall vollsatt fachgerecht verleimt wurden? Und muss der Bodenleger überhaupt diese Verleimung prüfen? Das hätte man gern das Gericht gefragt. Auf alle Fälle ist dieses Gerichtsurteil strittig. Es zeigt aber auch, der Parkett- und Bodenleger sollte sich im Vorfeld darüber beim Bauherrn/Architekten/Bauleiter erkundigen, ob die Nut-Feder-Verbindungen verleimt wurden, und diese Aussage sollte er auch im Bautagebuch protokollieren. Man kann von keinem Parkett- und Bodenleger verlangen, sämtliche Verleimungen der Nut-Feder-Verbindungen zu prüfen. Außerdem kann man unmöglich bei der optischen Betrachtung von „oben" beurteilen, ob diese Arbeiten fachgerecht und vollsatt ausgeführt wurden. Hier hätte eigentlich der Verleger der Platten in Haftung genommen werden müssen.

12. Falsche Grundierung durch den Bodenleger

Liegt der Untergrund für die Ausführung der Bodenbelagsarbeiten zu tief oder zu hoch, muss der Parkett- und Bodenleger Bedenken anmelden. Für das Ausgleichen der unrichtigen Höhenlage des Untergrundes ist der Parkett- und Bodenleger eigentlich nicht zuständig. Die Verarbeiter werden aber häufig mit dem höhengleichen Anarbeiten der Untergründe beauftragt. Das erfordert in der Regel zusätzliche Arbeiten, wie beispielsweise das Erstellen eines Höhenausgleichs mit einem geeigneten Dickschichtausgleich oder einer geeigneten Spachtelmasse und/oder Fräs- und Schleifarbeiten.

In einer neu errichteten Verkaufseinrichtung wurde in den Fluren ein schwimmender Zementestrich eingebaut. Der Zementestrich wurde sehr uneben verlegt. Außerdem war der Zementestrich zu tief eingebaut, zu den angrenzenden Verkaufsräumen musste deshalb ein Höhenausgleich von 17 bis 27 mm erstellt werden. Diesen Höhenausgleich führte der Bodenleger mit nachfolgender Vorgehensweise aus:

- Der Zementestrich wurde mit einer Dispersionsgrundierung grundiert.
- Anschließend wurde ein Höhenausgleich mit einem geeigneten Dickschichtausgleich ausgeführt.
- Auf den so vorbereiteten Untergrund wurde ein Linoleumbelag mit einem Dispersionskleber geklebt.

Schadensbild

Schon nach einem Monat zeichneten sich im Linoleumbelag die ersten Spachtelmasseschollen ab. Der Bodenleger öffnete an einer besonders auffälligen Stelle den Linoleumbelag und stellte fest, dass sich der Dickschichtausgleich vollständig vom Zementestrich abgelöst hatte. Der Bodenleger war sich keiner Schuld bewusst, es kam zum Rechtsstreit, und ein Sachverständiger wurde eingeschaltet.

Schadensursachen

Der Sachverständige stellte fest, dass sich der gesamte Dickschichtausgleich vom Zementestrich abgelöst hatte. Offensichtlich waren die Trocknungsspannungen vom Dickschichtausgleich höher als die Haftzugfestigkeit des Ausgleichs auf dem Zementestrich. Die Haftzugfestigkeit des Dispersionsvorstrichs war nicht ausreichend groß, um den Dickschichtausgleich auf dem Zementestrich zu arretieren. Da dieser Schaden häufig auch auf anderen Baustellen aufgetreten ist, wird im BEB-Merkblatt „Beurteilen und Vorbereiten von Untergründen im Alt- und Neubau“ (Stand März 2014) im Abschnitt 3.2 Spachtelmassen [4] gefordert: *„Spachtelmassen in einer mittleren Schichtdicke >10 mm sind auf einer abgesandeten Reaktionsharz-Grundierung auszuführen.“*

Der Bodenleger hatte die falsche Grundierung verwendet. Hier wäre eine abgesandete Reaktionsharzgrundierung zwingend erforderlich gewesen, um den geforderten Haftverbund zum Dickschichtausgleich in einer Dicke von 17 bis 27 mm zu gewährleisten.

Schadensbeseitigung

Der gesamte Dickschichtausgleich sowie der Linoleumbelag mussten vom Zementestrich entfernt werden. Es wurde mit einer abgesandeten Reaktionsharzgrundierung grundiert und anschließend der neue Dickschichtausgleich erstellt. Auf den so vorbereiteten Untergrund wurde der neue Linoleumbelag mit einem Dispersionskleber geklebt.

Juristische Betrachtung

Der Bodenleger hatte die falsche Grundierung verwendet, deshalb musste er diesen Schaden allein verantworten. Die Schadensbeseitigung kostete den Bodenleger 12.000 Euro.

13. Entscheidender Verarbeitungsfehler beim Grundieren

Ausführungsfehler sind sicher am häufigsten im Bauwesen anzutreffen. Ein ganz entscheidender Punkt ist in einem solchen Fall die Tatsache, dass die Verarbeiter der Bauprodukte ungern die Verarbeitungshinweise lesen, aus welchem Grund auch immer. Gerade bei den Verlegewerkstoffherstellern stehen alle wichtigen Verarbeitungshinweise auf den Gebinden. Der Verarbeiter muss nicht zwingend das Technische Merkblatt bemühen. Trotzdem sollte der Parkett- und Bodenleger, besonders wenn er ein für ihn neues und unbekanntes Produkt auf der Baustelle einsetzt, auch das Technische Merkblatt gelesen haben. Im Internet sind diese Merkblätter sehr leicht zu finden.

Der nachfolgend beschriebene Verarbeitungsfehler ist ein typisches Beispiel dafür, wie Verarbeiter leichtsinnig mit der Verarbeitung von Bauprodukten umgehen.

Grundierungen spielen in der Fußbodentechnik eine wesentliche Rolle. Gemäß Kommentar zur DIN 18365 „Bodenbelagsarbeiten“ (Stand Januar 2017, [4]) müssen sich alle Vorstriche, Spachtel- und Ausgleichsmassen fest und dauerhaft mit dem Untergrund verbinden. Sie dürfen den Untergrund, den Klebstoff und den Bodenbelag nicht nachteilig beeinflussen und müssen für den jeweiligen Verwendungszweck geeignet sein. Weiterhin wird ausdrücklich darauf hingewiesen, dass Grundierungen bzw. Vorstriche zur Untergrundvorbereitung und zur Verlegung von Oberbelägen notwendig sind. Vorstriche/Grundierungen müssen so beschaffen sein, dass sie auf den Untergrundoberflächen keine Ausblühungen hervorrufen, die zu einer Trennschicht zwischen Untergrundoberfläche und den Verlegewerkstoffen und so zu Schäden/Mängeln am Oberbelag führen. Im TKB-Merkblatt 9 „Technische Beschreibung und Verarbeitung von Bodenspachtelmassen“ (Stand Juli 2019, [11]) wird unmissverständlich gefordert, dass Untergründe grundsätzlich zu grundieren sind und dass das Grundieren eine besondere Leistung darstellt.

In einem sanierten Bürogebäude wurde ein neuer schwimmender Zementestrich eingebaut. Dem Bauherrn dauerte die Trocknungszeit bis zur Belegereife des Zementestrichs zu lang. Eine Zwangstrocknung war dem Bauherrn zu aufwendig.

Der Bodenleger empfahl dem Bauherrn den Einsatz einer Reaktionsharzgrundierung zum Absperren der Restfeuchte im Zementestrich. Der Bauherr war einverstanden.

Der Bodenleger setzte eine emissionsarme, wasserfreie, einkomponentige Polyurethangrundierung im zweimaligen Auftrag ein. Um die erforderliche Haftung der Spachtelmasse auf der PU-Grundierung zu erzielen, verlangte der Verlegewerkstoffhersteller folgende Vorgehensweise nach dem zweimaligen Auftrag der PU-Grundierung: Nach vollständiger Erhärtung des Reaktionsharzes ist der Untergrund mittels schwarzer Pad-Scheibe griffig vorzubereiten, zu saugen sowie zur Anbindung der Ausgleichsmasse mit dem lösemittelfreien Multi-Vorstrich unverdünnt und in einem dünnen Auftrag vorzubehandeln. Anschließend ist mit einer mineralischen Spachtelmasse zu spachteln und ein Oberbelag zu kleben.

Schadensbild

Bereits zwei Tage nach der Belagsverlegung löste sich die Spachtelmasse vom Untergrund und zeichnete sich als Schollenbildung im PVC-Belag ab. Beim Betreten der Fläche knackte es nahezu überall. Der Bauherr rügte diesen Mangel und verlangte eine Neuverlegung des Belages. Da sich der Bodenleger keiner Schuld bewusst war, kam es zum Rechtstreit. Der Bodenleger war der Meinung, es handele sich eindeutig um einen Materialfehler.

Das Gericht schaltete einen Sachverständigen ein. Der Fußboden wurde geöffnet. Der Sachverständige stellte fest, dass sich unter der Spachtelmasse, aber auch teilweise auf der Reaktionsharzgrundierung eine hautähnliche, weiche Grundierung befand, die man teilweise wie bei einem Sonnenbrand abziehen konnte. Die Oberfläche der PU-Grundierung war glänzend und keineswegs angeraut.

Schadensursachen

Der Bodenleger hatte zwei Verarbeitungsfehler begangen. Er hatte die Aufrauung der Reaktionsharzgrundierung mittels der schwarzen Pad-Scheibe weggelassen. Weiterhin hatte er den Haftvermittler, den Multi-Vorstrich, zu dick aufgetragen. Der Verlegewerkstoffhersteller hatte ausdrücklich einen unverdünnten und dünnen Auftrag verlangt. Die eingesetzten Produkte waren ohne Beanstandung.

Schadensbeseitigung

Der Bodenbelag, die Spachtelmasse und der Multi-Vorstrich mussten bis Oberkante PU-Grundierung mechanisch entfernt werden. Sicherheitshalber wurde noch ein neuer Auftrag auf die vorhandene PU-Grundierung vorgenommen. Nach der Aushärtung der PU-Grundierung wurde die Reaktionsharzgrundierung mit der schwarzen Pad-Scheibe aufgeraut, mit einem Industriesauger abgesaugt und anschließend fachgerecht ein dünner und unverdünnter Multi-Vorstrich aufgetragen.

Anschließend wurde zementär gespachtelt und der neue PVC-Belag mit einem Dispersionskleber geklebt.

Juristische Betrachtung

Da der Bodenleger diesen Schaden allein durch seine Verarbeitungsfehler verursacht hatte, musste der Bodenleger den Gesamtschaden in Höhe von 17.000 Euro tragen.

PVC-Belag und Spachtelmasse hatten sich vollständig von der Reaktionsharzgrundierung abgelöst.

14. Gute Detektivarbeit erspart teure und umfangreiche Analyse

Wenn Inspektor Colombo in der gleichnamigen Fernsehserie seine Kriminalfälle löst, dann macht er es häufig durch geschickte und zielgerichtete Fragen. Natürlich kann man bei den Antworten Lügen nicht ausschließen, aber Inspektor Colombo hat durch seine Fragerei jeden Kriminalfall gelöst. So einfach ist es natürlich in der Sachverständigenpraxis nicht. Besonders bei Schiedsgutachten kann aber ein Frage-Antwort-Spiel teure und aufwendige Analysen durchaus ersetzen, vorausgesetzt, dass alle Beteiligten fair mitspielen. So war es im nachfolgend beschriebenen Fall.

Schadensbild

In einem Bürogebäude lösten sich ca. einen Monat nach der Ausführung der Bodenbelagsarbeiten die Spachtelmasse und der PVC-Belag vom Spanplattenuntergrund in allen neu verlegten Räumen. Der Chef der Bodenlegerfirma war sich keiner Schuld bewusst. Er war der Meinung, sie hätten auf den Spanplattenuntergrund wie immer gearbeitet, hier müsste ein Materialversagen vorliegen. Der Hersteller der Verlegewerkstoffe wurde konsultiert. Die Chargennummern der Spachtelmasse und des Klebers wurden überprüft, es ergaben sich keine Beanstandungen. Allerdings war sich der Chef der Bodenlegerfirma nicht ganz sicher, welche Grundierung seine Mitarbeiter eingesetzt hatten. Trotzdem beharrte dieser Chef auf einer Klärung der Schadensursache durch einen Sachverständigen im Rahmen eines Schiedsgutachtens. Der Verlegewerkstoffhersteller war einverstanden. Es kam zum Ortstermin in der Niederlassung der Bodenlegerfirma, an der auch die Mitarbeiter der Bodenlegerfirma teilnahmen.

Schadensursachen

Der Sachverständige stellte gleich zu Anfang die Frage, welche Verlegewerkstoffe eingesetzt wurden, besonders welche Grundierung zum Einsatz kam. Ein Mitarbeiter ging daraufhin ins Lager und holte den Kanister, in dem sich die Grundierung befand, mit der auf der Baustelle grundiert wurde. Diese Grundierung war von einem anderen Verlegewerkstoffhersteller, also nicht vom Hersteller der Spachtelmasse und des Klebers. Auf dem Kanister stand deutlich lesbar, dass diese Grundierung nicht für Spanplattenuntergründe geeignet ist. Damit war das Problem ohne große und teure Analysen gelöst. Der Chef der Bodenlegerfirma war natürlich sichtlich unzufrieden mit dem Fehler, den seine Mitarbeiter begangen hatten.

Schadensbeseitigung

Die Schadensbeseitigung war eine teure Angelegenheit. Die Spachtelmasse und der Belag wurden in sämtlichen Räumen mechanisch entfernt. Die Grundierung auf den Spanplatten musste durch intensives Abschleifen entfernt werden. Dann wurde erneut fachgerecht grundiert, gespachtelt und ein neuer Belag verlegt.

Juristische Betrachtung

Die Kosten für das Gutachten des Sachverständigen beschränkte sich auf seine An- und Abreise und ein kurzes Statement. Er hatte durch seine Vorgehensweise ein teures Gutachten und ein womöglich aufwendiges Gerichtsverfahren verhindert. Man könnte aus diesem Fall den Schluss ziehen, dass in der Bodenbelagsbranche manchmal zu wenig in den technischen Unterlagen gelesen wird. An den technischen Unterlagen der Bodenbelagsbranche liegt es jedenfalls nicht. Die Unterlagen des BEB und der TKB, aber auch der Verlegewerkstoffhersteller sind in der Regel hervorragend – man muss sie nur lesen!

Spachtelmasse und Belag hatten sich vollständig vom Untergrund abgelöst.

Alle Räume mussten vollständig ausgeräumt werden.

15. Einfacher Verarbeitungsfehler mit fatalen Auswirkungen

Reaktionsharz-Vorstriche werden im Bodenbereich vorrangig für hohe Beanspruchungen, zur Verfestigung der Estrichoberflächen, als Haftbrücke für kritische Untergründe und als Dampfdiffusionsbremse eingesetzt. Sie werden als Dispersionen oder lösemittelfreie Flüssigharze angeboten. Man unterscheidet ein- und zweikomponentige Reaktionsharz-Vorstriche. Einkomponentige Reaktionsharze entwickeln ihre Festigkeiten durch Reaktion mit der Feuchte aus der Raumluft und der Spachtelmasse. Zweikomponentige Reaktionsharz-Vorstriche müssen nach Herstellerangaben gemischt werden und entwickeln ihre bautechnischen Eigenschaften durch die chemische Reaktion der Bestandteile Harz und Härter. Als Haftbrücke zur Spachtelmasse werden zum Abstreuen frisch aufgetragener Epoxidharzgrundierungen feuertrockener Quarzsand der Körnungen zwischen 0,6 bis 1,2 mm sowie bei frisch aufgetragenen Polyurethangrundierungen feinere Körnungen im Bereich von 0,3 bis 0,8 mm verwendet. Durch die Verwendung eines feineren Quarzsandes versinkt dieser in der Reaktionsharzgrundierung und kann so keine Verbundhaftung zur Spachtelmasse herstellen. Reaktionsharzgrundierungen sind im Überschuss bis zur vollständigen Sättigung abzusanden. Der Quarzsandverbrauch liegt bei ca. 2 bis 3 kg pro m^2. Der nicht fest im Reaktionsharz verankerte Quarzsand ist nach der Durchhärtung der Grundierung mit einem Industriesauger abzusaugen. Wird zu wenig Quarzsand eingestreut, kann ebenfalls keine ausreichende Verbundhaftung zur Spachtelmasse hergestellt werden. Anstelle des Quarzsandes können auch geeignete Dispersionsgrundierungen als Haftbrücke zur Spachtelmasse eingesetzt werden.

Schadensbild

In einer Penthouse-Wohnung wurde von einer Beschichtungsfirma auf einen neu eingebauten beheizten Zementestrich folgender Fußbodenaufbau realisiert:

- Sauberschliff, anschließend Absaugen mit einem Industriesauger.
- Grundieren mit einer Reaktionsharzgrundierung.
- Ca. 4 mm dicke Spachtelung mit einer zementären Spachtelmasse.
- Spezialbeschichtung in Form eines Dekorbodenbelages.

Bereits einen Monat nach dem Beschichtungseinbau kam es in Größenordnungen zu Ablösungen, zu Aufwölbungen und zu Hohllagen. Die Beschichtungsfirma war der Meinung, sie habe alles richtig gemacht. Der Wohnungseigentümer verklagte die Beschichtungsfirma. Das Gericht beauftragte einen Sachverständigen mit der Ursachenfindung.

Schadensursache

Der Sachverständige öffnete einige Hohllagen und Randbereiche. Im Bereich der Hohllagen stellte er fest, dass sich die Spachtelmasse von der Reaktionsharzgrundierung abgelöst hatte. Er stellte weiterhin fest, dass die Reaktionsharzgrundierung ohne Abquarzung oder eine andere Haftbrücke eingebaut worden war. Die Hohllagen, Ablösungen und Aufwölbungen waren auf diesen einfachen Verarbeitungsfehler zurückzuführen. In der Abquarzung der Reaktionsharzgrundierung kann sich die zementäre Spachtelmasse sehr gut verkrallen und somit die erforderliche Haftzugfestigkeit aufbauen. Das funktioniert auch über geeignete Dispersionsgrundierungen.

In den Randbereichen stellte der Gutachter fest, dass die Randdämmstreifen vollständig überspachtelt wurden. Deshalb kam es auch hier zu Ablösungen und Hohllagen. Auch diesen Mangel hatte die Beschichtungsfirma verursacht.

Schadensbeseitigung

Der gesamte Fußbodenaufbau wurde bis Oberkante Reaktionsharzgrundierung mechanisch entfernt. Dann wurde mit der gleichen Reaktionsharzgrundierung ein zweites Mal grundiert, abgequarzt, nach der Aushärtung des Reaktionsharzes der überschüssige und lose Quarzsand mit einem Industriesauger abgesaugt, zementär gespachtelt und erneut die Spezialbeschichtung in Form eines Dekorbodenbelages aufgebracht. Die Randdämmstreifen wurden diesmal nicht überspachtelt.

Juristische Betrachtung

Das Gericht hatte leichtes Spiel. Die Beschichtungsfirma sah ihren Verarbeitungsfehler ein. Die Schadensbeseitigung sowie alle Nebenkosten (gesamt ca. 6.000 Euro) gingen zulasten der Beschichtungsfirma. Sicher ein teurer Lernprozess.

Aufwölbung der Beschichtung.

Rissbildung in der Beschichtung.

Ablösung der zementären Spachtelmasse von der nicht abgequarzten Reaktionsharzgrundierung.

Reaktionsharzgrundierung ohne die erforderliche Abquarzung.

16. Hier wurde fast alles falsch gemacht

Eine ehemalige Lagerhalle mit einer Fläche von ca. 1.200 m^2 wurde zu einer Boutique umgebaut. In der Ausschreibung stand *„Der Zementestrich ist fachgerecht vorzubereiten, zu grundieren, zu spachteln und PVC-Designbelag zu verlegen. Der Bauherr hat aus Kostengründen das Vorbereiten des Untergrundes, das Grundieren und das Spachteln an eine Bodenlegerfirma vergeben, mit dem Verlegen des PVC-Designbelages wurde eine andere Bodenlegerfirma beauftragt. Die Bodenlegerfirma, die den PVC-Designbelag verlegen sollte, prüfte eingehend die Spachtelarbeiten."*

Folgendes Schadensbild wurde festgestellt:

- Die Spachtelmasse war im gesamten Hallenboden mehr oder weniger intensiv gerissen. Die größten Risse hatte die erste Bodenlegerfirma grob überspachtelt, um diesen Schaden zu retuschieren.

- Beim Abklopfen der Spachtelmasse wurde zahlreiche Hohlstellen festgestellt. Die Spachtelmasse hatte an diesen Stellen keinen Verbund zum Untergrund.

Die zweite Bodenlegerfirma lehnte es ab, auf dieser mangelhaften Spachtelmasse den PVC-Designbelag zu verlegen. Die erste Bodenlegerfirma fand diese Ablehnung völlig überzogen und lehnte die Mängelrüge des Bauherrn ab. Sie war der Meinung, der PVC-Designbelag würde problemlos die vorhandenen Risse und Hohllieger schadensfrei überbrücken. Es kam zum Streit zwischen den beteiligten Partnern, der fast vor Gericht geendet hätte. Letztlich einigte man sich auf ein Schiedsgutachten. Ein Sachverständiger wurde eingeschaltet, mit dem alle Beteiligten einverstanden waren.

Der Sachverständige befragte die erste Bodenlegerfirma nach ihrer Vorgehensweise bei der Ausführung der Spachtelarbeiten. Die Bodenlegerfirma machte folgende Angaben:

- Der Untergrund wurde mit einer 16er-Körnung geschliffen und anschließend mit einem Industriesauger abgesaugt.

- Risse im Estrich wurden mit einem dünnflüssigen Epoxidharz geschlossen.

- Auf die so vorbereitete Fläche wurde mit einem Besen ein Dispersionsvorstrich aufgetragen.

- Nach der Trocknung der Grundierung wurde die Fläche mit einer Bodenspachtelmasse in einer Dicke von ca. 0,5 bis 2 mm gespachtelt.

- Die Feuchtigkeit des Zementestrichs wurde nicht geprüft. Die erste Bodenlegerfirma war der Meinung, dass der Zementestrich aufgrund der langen Liegezeit ausreichend trocken sei. Außerdem sei es nicht üblich, alte und somit trockene Zementestriche auf ihren Feuchtegehalt zu überprüfen.

Schadensbild

Der Sachverständige stellte wie die zweite Bodenlegerfirma folgende Mängel fest:

- Die Spachtelmasse war im gesamten Hallenboden mehr oder weniger intensiv gerissen. Die größten Risse hatte die erste Bodenlegerfirma grob überspachtelt, um diesen Schaden zu retuschieren. Hier war die Bodenlegerfirma aber nur teilweise erfolgreich.

- Der Sachverständige klopfte ebenfalls die Spachtelmasse ab und stellte zahlreiche Hohlstellen fest. Zusätzlich konnten durch das Abfahren der Fläche mit einem Resonanzprüfer Hohllagen akustisch wahrgenommen werden. Der Sachverständige öffnete einige Hohlstellen und stellte fest, dass die Spachtelmasse hier keinen Verbund zum Untergrund hatte.

- An zahlreichen Stellen wurde eine geringe Spachtelmassenfestigkeit festgestellt.

Schadensursache

Der Sachverständige öffnete zahlreiche Prüfstellen im Untergrund bis zur Abdichtung unter dem Zementestrich. Dabei stellte er Folgendes fest.

- Der Untergrund war ein alter Zementestrich, der an zahlreichen Stellen mit einer zwei bis teilweise dreilagigen alten Spachtelmassenschicht versehen war. In der Ausschreibung war als Untergrund nur Zementestrich angegeben. Der Auftraggeber trägt hier Mitverantwortung, denn er muss genau vorgeben, auf welchen

Untergrund die Bodenbelagsarbeiten auszuführen sind. Allerdings hätte eine erfahrene Bodenlegerfirma bereits bei der Untergrundvorbereitung die alten Spachtelmassenschichten feststellen müssen. Hätte die erste Bodenlegerfirma eine CM-Prüfung durchgeführt, hätte sie auf jeden Fall die alten Spachtelmassenschichten festgestellt und Bedenken anmelden müssen.

- Schleifspuren auf der alten Spachtelmasse, die durch das Abschleifen mit einem 16er-Korn entstehen, konnten vom Sachverständigen an den Prüfstellen nicht festgestellt werden. Offensichtlich wurde auf eine fachgerechte Untergrundvorbereitung verzichtet.

- Eine Grundierung, die ja angeblich mit einem Besen aufgetragen wurde, konnte selbst unter dem Mikroskop nicht festgestellt werden. Ein Grundierungsauftrag mit einem Besen ist an sich schon bedenklich und auch nicht üblich. Es wurde offensichtlich auf das Grundieren verzichtet.

- Die Risse im alten Zementestrich wurden nicht fachgerecht verharzt. Beim Verharzen wurden die Risse nicht aufgetrennt, sondern das Epoxidharz nur oberflächlich eingesetzt. Das Harz war maximal 2 bis 3 mm tief in die Risse eingedrungen, sodass ein kraftschlüssiges Verschließen der Risse nicht möglich war. Außerdem wurde mit einem sehr feinen Quarzsand abgequarzt, in dem sich die Spachtelmasse nur bedingt verkrallen konnte.

- Die zahlreichen Schwind- und Spannungsrisse waren auch auf eine Überwässerung der Spachtelmasse zurückzuführen

Schadensbeseitigung

Aufgrund der vollflächigen, mehr oder weniger intensiven Rissbildung sowie der zahlreichen Hohlstellen wurde die vollständige mechanische Entfernung der neuen wie auch der alten Spachtelmasse gefordert. Der so vorbereitete Untergrund wurde anschließend mit einem Industriesauger abgesaugt. Bei einer festen Oberfläche des alten Zementestrichs kann mit einer Dispersionsgrundierung vorgestrichen werden. Bei einer porösen Oberfläche ist der Einsatz einer Reaktionsharzgrundierung zu empfehlen. Eine Reaktionsharzgrundierung bietet bei problematischen Untergründen immer mehr Sicherheit. Die Spachtelung musste mit einer geeigneten Spachtelmasse ausgeführt werden.

Juristische Betrachtung

Der erste Bodenleger hat die Kosten für die gesamte Schadensbeseitigung getragen. Lediglich bei der mechanischen Beseitigung der alten und neuen Spachtelmassenschichten hat sich der Auftraggeber beteiligt.

Verkaufshalle vor dem Umbau zur Boutique.

Rissbildung in der neuen Spachtelmasse; der großen Riss wurde noch einmal überspachtelt/retuschiert.

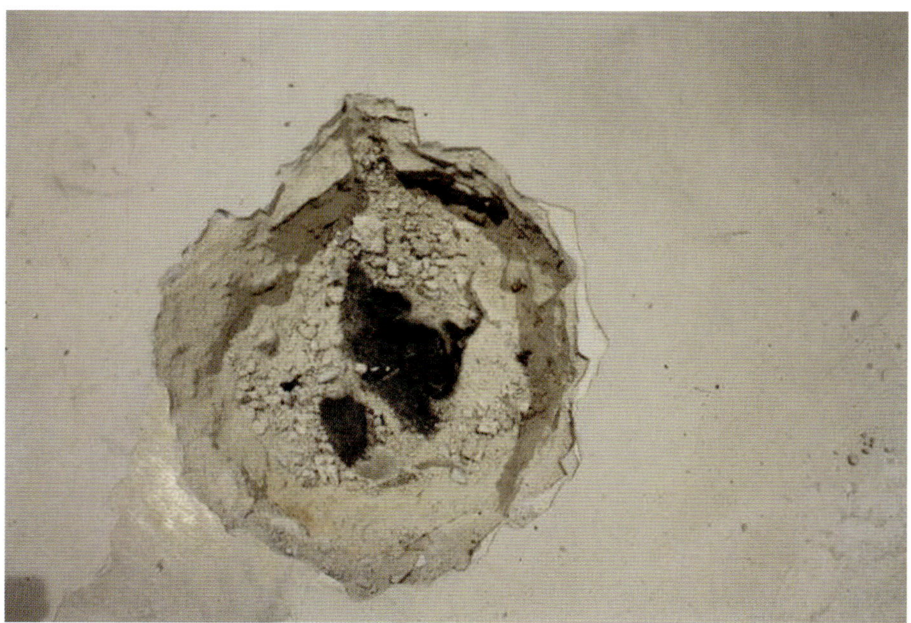

Aufgestemmter Estrich bis zur Abdichtung unterhalb der Zementestrichebene. Mehrere Spachtelmassenschichten sind erkennbar.

17. Bodenbelagsarbeiten mit fünf wesentlichen Mängeln

In einem neu errichteten Pflegewohnpark wurden auf eine Gesamtfläche von 5.000 m^2 PVC-Beläge auf einen neu eingebauten schwimmenden Zementestrich verlegt. Da die mit der Ausführung der Bodenbelagsarbeiten beauftragte Malerfirma nicht über ausreichende Kapazitäten verfügte, um die Belagsarbeiten in dem vorgegebenen engen Zeitrahmen auszuführen, wurden zwei Subunternehmer engagiert. Da der Zementestrich zum Zeitpunkt der Belagsverlegung noch zu feucht war und nicht die erforderliche Belegereife besaß, wurde die Feuchte mit einer Reaktionsharzgrundierung abgesperrt. Anschließend wurde 2 mm dick zementär gespachtelt und der heterogene PVC-Belag mit einem Dispersionskleber geklebt. Eigentlich eine ganz normale PVC-Belagsverlegung, möchte man meinen. Für die Bodenleger der drei beteiligten Firmen war sicher unter anderem auch das Zeitfenster im Hinblick auf die erforderliche qualitative Ausführung der Belagsarbeiten ein Problem. Die Schnelligkeit der Ausführung ging zulasten der Qualität. Mit der Qualität der Belagsverlegung war der Bauherr nicht einverstanden, deshalb schaltete er einen Sachverständigen ein, der in seinem Privatgutachten wesentliche Mängel bei den Bodenbelagsarbeiten feststellte. Die Bodenleger schalteten ebenfalls einen Sachverständigen ein, der in seinem Privatgutachten teilweise anderer Meinung war. Es kam zum Rechtsstreit, der letztlich vor Gericht landete. Das Landgericht beauftragte einen Sachverständigen mit der Durchführung eines Sachverständigengutachtens.

Schadensbild

Der Sachverständige stellte bei den im Bauvorhaben Pflegewohnpark ausgeführten Bodenbelagsarbeiten die folgenden fünf wesentlichen Mängel fest:

1. Im PVC-Belag hatten sich in allen verlegten Bereichen durch Stuhl- und Tischbeine, im Aufstandsbereich von Sesseln, von Pflegebetten und Rollcontainern Druckstellen gebildet. Diese Eindrücke waren flächendeckend vorhanden.

2. Im Bereich der verschweißten Bodenbelagsbahnen hatte der PVC-Belag Stippnähte.

3. In der Oberfläche der PVC-Beläge zeigten sich teilweise sehr deutlich Schmutzeinschlüsse unter dem Belag in Form von Pickeln.

4. In einigen Bereichen waren Kellenschläge deutlich sichtbar.

5. Die Umschlagstellen aus der PVC-Verlegung waren ebenfalls deutlich als wurmartige Beule sichtbar.

Schadensursachen

zu 1: Hier wurden zwei Ursachen für die Eindrücke in einer Ausprägung von 0,15 bis 0,62 mm ermittelt:

- Die unterschiedlichen Eindrucktiefen lassen sich durch die Belastungen je nach Mobiliar aufgrund unterschiedlicher Punktlasten erklären. Die im Pflegewohnpark vorhandenen Pflegebetten haben nach Herstellerangaben ein Gesamtgewicht von ca. 125 kg, was bei den Auflageflächen der kleinen Doppellenkrollen zu hohen Punktbelastungen und somit auch zu Druckstellen im Aufstellungsbereich führt.
  Auch für die Gleiter unter Tischen und Stühlen gilt: Je kleiner die Auflageflächen sind, umso größer ist die Punktbelastung. Unabhängig von der Geometrie und der Größe der Gleiter/Möbelrollen sind bei PVC-Belägen weiche Möbelgleiter und Rollen (Typ W) einzusetzen. Im Pflegewohnpark waren bei Tischen und Stühlen harte Gleiter festzustellen, die eigentlich für textile Bodenbeläge zu verwenden sind. Aus diesem Grund waren die Druckstellen nicht zu vermeiden, hätten aber durch entsprechende Maßnahmen minimiert werden können.
  Ausgeschrieben war ein homogener PVC-Belag, der thermisch verschweißt werden sollte. Der Auftraggeber änderte aber seine Meinung und verlangte den Einbau eines heterogenen PVC-Belages. Vom strukturellen Belagaufbau und den technischen Daten her sind homogene und heterogene PVC-Bodenbeläge nicht als gleichwertig zu betrachten. Inwieweit die Wahl des Bodenbelages entgegen der Ausschreibung einen Einfluss auf die Eindrücke hat, konnte der Sachverständige anhand der vorliegenden Parameter nicht klären.

- Probleme mit dem Klebstoffauftrag und falsche Einlegezeitpunkte spielen bei Belagseindrücken ebenfalls eine entscheidende Rolle. Der Belag wurde an mehreren Stellen geöffnet. An zahlreichen Stellen wurde festgestellt, dass die Klebstoffriefen „stehen“, es erfolgte keine Klebstoffverquetschung, die Belagsrückseite war ohne jede Klebstoffhaftung. Das bedeutet, der PVC-Belag wurde zu spät ins Klebstoffbett eingelegt, der Belag wurde nicht angewalzt, außerdem war die Klebstoffmenge sichtbar zu gering. Wenn beispielsweise über so verlegte

PVC-Beläge die schweren Pflegebetten bewegt werden, werden die stehenden Klebstofffugen zerquetscht und es entstehen bleibende Eindrücke.

zu 2: Gründe für das Entstehen von Stippnähte sind Materialspannungen, zu geringer Klebstoffauftrag durch abgenutzte oder falsche Zahnleisten, Nichtbeachten der Ablüftezeit und fehlendes Anwalzen des Belages; alles also eindeutige Ausführungsfehler.

zu 3: Einschlüsse (Pickelbildung) unter dem PVC-Belag sind auf unsauberes Arbeiten zurückzuführen. Diese Erscheinungsbilder treten auf, wenn die Spachtelmasse vor der Klebung nicht ausreichend abgesaugt wird und/oder die Auftragszahnung bei zu viel Klebstoff auf der Zahnleiste wieder in den Klebstoffeimer abgestreift wird. Dadurch sammeln sich in dem weiterzuverarbeitenden Klebstoff Partikel von der Spachtelmassenoberfläche.

Pickel unter dem Belag beeinträchtigen nicht die Qualität und Lebensdauer des PVC-Belages, aber sie stellen auf jeden Fall einen optischen Mangel dar. In der Regel akzeptieren die Bauherren/Auftraggeber diesen Mangel nicht und verlangen eine Neuverlegung. Falls sie diesen Mangel doch akzeptieren, muss der Bodenleger in der Regel einen nicht unerheblichen Rabatt gewähren.

zu 4: Nach Auffassung der Sachverständigen ist das Erstellen von Fußbodenflächen mit einer topfebenen Oberfläche ohne jegliche Kellenschläge keine spezielle Leistung, sondern gehört zum Standard der Fußbodentechnik. Sichtbare Kellenschläge in elastischen Bodenbelägen werden von den Sachverständigen als handwerklicher Fehler bewertet, den der Bodenleger nicht mit dem Hinweis auf Streiflicht oder andere Einflussfaktoren entschuldigen kann. Sichtbare Kellenschläge entstehen beispielsweise,

- wenn nicht grundiert wurde,
- wenn die Spachtelmasse in zu geringer Auftragsstärke aufgebracht wurde, beispielsweise durch eine sogenannte „Kratzspachtelung" mit einer Auftragsstärke unter einem Millimeter,
- wenn Spachtelmassen mit schlechten Verlaufseigenschaften eingesetzt werden,
- wenn Spachtelmassen falsch angerührt werden,
- bei nicht fachgerechtem Spachteln mit der Glättkelle. Es gibt unter Fachleuten einen geflügelten Begriff: Wer nicht mit der Kelle spachteln kann, nimmt den Rakel.

Beim Rakeln und dem anschließenden Entlüften mit einer Stachelwalze lassen sich bei allen hochwertigen mineralischen Spachtelmassen sichtbare Kellenschläge vermeiden. Die modernen und hochwertigen Spachtelmassen haben als Additive sogenannte Superverflüssiger, sodass diese Spachtelmassen immer einen Superverlauf garantieren. Der Bodenleger sollte bei seiner Kalkulation allerdings bedenken, dass bei dieser Vorgehensweise Schichtdicken von mindestens 2 mm erforderlich sind. Bei der Verlegung von PVC-Belägen ist das Rakeln normalerweise unverzichtbar. Sichtbare Kellenschläge unter einem PVC-Belag wird heutzutage kein Bauherr/Auftraggeber als „hinzunehmende Unregelmäßigkeit" akzeptieren. Übrigens entlastet das Rakeln durch die stehende Arbeitshaltung die Knie und den Rücken. Außerdem ist das Rakeln im Vergleich zur Glättkelle die schnellere Verarbeitungstechnik.

zu 5: Besonders bei PVC-Bodenbelägen ist gegen das Streiflicht eine wurmartige Unebenheit (Beule) zu erkennen, die mittig quer zur Verlegerichtung über die Breite des Raumes verläuft. Hier kam es zu einem doppelten Klebstoffauftrag im Bereich der Umschlagstelle bei der Verlegung des Belages in der ersten Raumhälfte mit dem der zweiten Raumhälfte. Vor der Verlegung von elastischen Belägen ist es sinnvoll, einen Markierungsstrich über die gesamte Breite des Raumes zu ziehen. Der Dispersionsklebstoff ist dann in der ersten Raumhälfte genau bis zur Markierung aufzutragen, der Belag einzulegen und umzuschlagen. Der Klebstoffauftrag ist anschließend in der zweiten Raumhälfte bis an die Markierung aufzutragen und dann der Belag einzulegen. Aber auch wenn an der Umschlagstelle kein Klebstoffauftrag erfolgte, kann es zu dieser wurmartigen Beule kommen.

Bei den Verlegewerkstoffen arbeiteten die Bodenleger mit einem Materialmix. Das bedeutet Vorstrich, Spachtelmasse und Dispersionsklebstoff wurden jeweils von einem anderen Hersteller eingesetzt. Unverträglichkeiten waren offensichtlich nicht vorhanden, konnten aber im Hinblick auf die Schadensursache nicht gänzlich ausgeschlossen werden. Die Verlegewerkstoffhersteller waren hier verständlicherweise bei der Bewertung einer Schadensursache und der Schadensverantwortlichkeit aufgrund dieses Materialmixes sehr zurückhaltend.

Schadensbeseitigung

Der Sachverständige schätzte ein, dass diese Fehler durch Nacharbeiten nicht zu beseitigen sind. Er forderte eine vollständige Neuverlegung. Das bedeutet das Entfernen sämtlicher PVC-Belage, fachgerechte Untergrundvorbereitung, Grundieren, Spachteln und Klebung eines neuen geeigneten PVC-Belages.

Den Schaden schätzte der Sachverständige mit ca. 300.000 Euro ein.

Juristische Betrachtung

Der Sachverständige stellte ganz klar die handwerklichen Verarbeitungsfehler in den Mittelpunkt seiner Ausführungen. Aber er schließt auch einen Planungsfehler bei der Wahl bzw. Neuwahl des PVC-Belages nicht aus. Der federführende Malerbetrieb strebte eine außergerichtliche und einvernehmliche Lösung mit dem Bauherrn an.

Um die Kosten für den Malerbetrieb in einem für die Bodenleger machbaren Rahmen zu halten, wurde vereinbart, Raum für Raum neue PVC-Beläge zu verlegen. Der Bauherr beteiligte sich an den Kosten für den neuen PVC-Belag. In einigen wenigen Räume musste nicht zwingend der Belag erneuert werden, hier einigte man sich auf einen Rabatt durch den Malerbetrieb. Die komplette und sofortige Schadensbegleichung in Höhe von 300.000 Euro hätte die Malerfirma finanziell nicht verkraftet.

18. Großer Schaden, viele Ursachen

Bei der Verlegung von Parkett und Bodenbelägen auf OSB-Platten sollten unbedingt die Hinweise der Hersteller der Holzwerkstoffplatten sowie der Verlegewerkstoffhersteller, die Erläuterungen im TKB-Merkblatt 10 „Bodenbelags- und Parkettarbeiten auf Fertigteilestrichen - Holzwerkstoff- und Gipsfaserplatten“ (Stand März 2016, [10]) und die Erläuterungen im BEB-Merkblatt „Fertigteilestriche aus Holzwerkstoffplatten - Holzspan- und OSB-Platten“ (Stand November 2014, [12]) beachtet werden. Im Reklamationsfall mit OSB-Platten sind die Prüf- und Hinweispflichten der Parkett- und Bodenleger besonders strittig. Was hätte der Parkett- und Bodenleger wissen, beachten und prüfen müssen? Selbst unter Sachverständigen gehen hier die Meinungen weit auseinander. Das Gericht muss dann trotz dieser unübersichtlichen Gemengelage entscheiden, wer Schuld an der jeweiligen Reklamation hat. Wichtig ist aber auch zu beachten, welche Aufgaben hier der Bauleiter bzw. der bauleitende Architekt hat. Was muss er prüfen und kontrollieren, oder kann er einfach alles auf den Handwerker abschieben? Der folgende Fall zeigt, dass auch Bauleiter bzw. bauleitende Architekten haften müssen, wenn sie ihrer Kontrollpflicht nicht nachkommen. Er zeigt aber auch, wie wichtig es ist, dass Handwerker dem Bauherrn anzeigen, wenn sie andere Produkte einsetzen als in der Ausschreibung vorgegeben, obwohl diese Produkte nach Herstellerangaben gleichwertig oder sogar besser sind. Die schriftliche Hinweispflicht wird bekanntlich von den Handwerkern selten praktiziert, aber im Reklamationsfall ist sie häufig ein ganz entscheidender Faktor.

In einem Gymnasium wurden auf die Dielung einer Holzbalkendecke 30 mm dicke OSB-Platten Typ 4 genagelt. Auf ca. 20 % der Fläche wurden die OSB-Platten schwimmend verlegt. In einem Raum wurden die OSB-Platten fest auf die Dielung und Balkenlage verschraubt. Die Platten wurden mit einer wässrigen Epoxidharzgrundierung grundiert und anschließend mit einer Gipsspachtelmasse gespachtelt. Auf die so vorbereiteten Flächen wurde PVC-Beläge und Kautschukbeläge verlegt/geklebt.

Schadensbild

Bereits zwei Monate nach der Fertigstellung der Bodenbelagsarbeiten entstanden in den elastischen Belägen Blasen und Beulen sowie linienförmige Aufwerfungen. Dieser Mangel betraf die gesamten Flächen bis auf die Flächen, in denen die OSB-Platten schwimmend verlegt bzw. fest mit dem Untergrund verschraubt worden waren. Dieser

Mangel beeinträchtigte den Schulbetrieb, da er neben der optischen Beeinträchtigung eine erhebliche Stolpergefahr darstellte.

Blasen und Beulen sowie linienförmige Aufwerfungen im PVC-Belag.

Schadensursache

Da es sich hier um einen sehr großen Schaden handelte (ca. 5.000 m^2), wurden insgesamt drei Gutachten von verschiedenen Sachverständigen erstellt, wobei nur das dritte und letzte Gutachten, welches vom Gericht beauftragt war, zur Urteilsfindung herangezogen wurde. Die beiden anderen Gutachten waren Privatgutachten, die von der jeweiligen Gegenpartei infrage gestellt wurden.

Zur Urteilsfindung hat der vom Gericht bestellte Gutachter die folgenden vier Schadensursachen in der Zusammenfassung seines Gutachtens ausgeführt:

1. Die Ursache für den festgestellten Schaden liegt im gestörten Haftverbund im Grenzflächenbereich der Oberfläche der OSB-Platte und der Grundierung. Hier liegt eine Unverträglichkeitsreaktion (fehlender Haftverbund) vor.

Dieser Punkt scheint auf den ersten Blick klar und einleuchtend zu sein, aber gerade dieser Punkt war am strittigsten. Hier ging es um zwei Fragen:

Musste die Contiface-Beschichtung auf den OSB-Platten restlos entfernt werden?

In den technischen Unterlagen des OSB-Plattenherstellers wird auf die Problematik der Contiface-Beschichtung nicht eingegangen. Die Bodenleger wurden vom bauleitenden Architekten auf diese Problematik auch nicht aufmerksam gemacht. Der bauleitende Architekt war mit einem Sauberschliff der OSB-Platten einverstanden. Grundsätzlich sollten bei der Verlegung elastischer und textiler Bodenbeläge geschliffene Holzwerkstoffplatten mit glatter und fester Oberfläche eingesetzt werden. Für dicke Beläge wie Parkett, Laminat und keramische Fliesen dürfen ungeschliffene Platten mit rauer und strukturierter Oberfläche eingebaut sein, vorausgesetzt, sie besitzen keine Contiface-Beschichtung. Kurios ist aber an dieser Stelle, dass die wässrige Epoxidharzgrundierung auf den nur „sauber geschliffenen" OSB-Platten gehalten hat, die schwimmend verlegt wurden bzw. fest mit dem Untergrund verschraubt (und nicht genagelt) wurden. Hierfür hatte keiner der Sachverständigen eine einleuchtende Erklärung.

War die eingesetzte Grundierung für diesen Einsatz geeignet?

Der Hersteller der OSB-Platten schreibt dazu in seinen technischen Unterlagen Folgendes: *„Dazu ist es außerdem wichtig, die Platten vor Aufbringen von Spachtel und/oder Kleber mit einer geeigneten Sperrgrundierung (z. B. BUDAX AC, PCI Wadian, Uzin PE 260, Ceretec CT 17 o. ä.) nach Herstellerangaben zu behandeln. Auf jeden Fall sind Spachtelmassen auf Gipsbasis denen auf Zementbasis vorzuziehen."* Im Gutachten war dazu zu lesen: *„Sperrgrundierungen im eigentlichen Sinne sind die aufgeführten Grundierungen im Allgemeinen nicht."* Hier hat sich offensichtlich der OSB-Plattenhersteller mit seiner Aussage vertan. In der Ausschreibung war eine wässrige Grundierung vorgeschrieben. Um sicherzugehen, hat der Bodenleger anstelle der ausgeschriebenen Grundierung die wässrige Epoxidharzgrundierung eingesetzt, da er mit dieser Grundierung sehr gute Erfahrungen auf OSB-Platten gemacht und hier noch nie eine Reklamation hatte. Der bauleitende Architekt hat zu dieser vom Bodenleger vorgeschlagenen Grundierung seine mündliche Einwilligung erteilt. Gespachtelt wurde mit einer mineralischen Spachtelmasse auf Gipsbasis. Im Gutachten wurde weiterhin ausgeführt: *„An der Rückseite des Bodenbelages lag fest verbunden mit dem Belag die Spachtelmasse vor. Die Grundierung war sowohl auf der Spachtelmassenrückseite vorhanden als auch auf der Oberfläche der OSB-Platten. Die Grundierung auf der Spachtelmassenrückseite war trocken. Auf der OSB-*

Platten-Oberfläche war eine Klebrigkeit mit Nachhafteffekt vorhanden. Die Rückseite der Spachtelmasse war als Negativ zur OSB-Platte stark strukturiert.“

Der Gutachter wollte den Systemaufbau – OSB-Platte mit und ohne Contiface-Beschichtung, wässrige Epoxidharzgrundierung, Anhydritspachtelmasse – nachstellen. Leider wurde diese Grundierung seit drei Jahren, bezogen auf den Zeitpunkt der Erstellung des dritten Gutachtens, nicht mehr produziert. Es ließ sich auch kein Gebinde dieser Grundierung mehr beschaffen, sodass auch dieser Punkt nicht endgültig geklärt werden konnte.

2. Die Befestigungsart der OSB-Platten auf den Balken mittels Nägeln ist für den Verwendungszweck nicht ausreichend.

Dazu wird im Gutachten Folgendes ausgeführt: *„Die Befestigung der OSB-Platten auf den Lagerhölzern erfolgte mit Nägeln. Nach aktuellen Herstellerangaben werden Holzschrauben empfohlen, deren Schraubenköpfe versenkt werden. Die Ausziehwiderstände von Nägeln, Schlagschrauben, Schraubnägeln u. Ä. sind nicht ausreichend. Allerdings ist unter den Verarbeitungshinweisen des Plattenherstellers für OSB-4-PUR-Platten ausgeführt, dass Nägel und auch Schrauben verwendet werden können. Hier sind die Angaben des Herstellers widersprüchlich.*

Dass die Befestigungsart der OSB-Platten mit Nägeln nicht ausreichend ist, zeigt das übernächste Bild auf Seite 80. So sah es übrigens an fast jeder geöffneten Belagsfläche aus. Die Nägel hatten sich offenbar durch die nutzungsbedingten Schwingungen der Holzbalkendecke nach oben gezogen und dabei die Spachtelmasse und den Belag vom Untergrund abgelöst. Diese falsche Befestigungsart wurde auch vom Gericht anerkannt. An dieser Stelle könnte man die „ketzerische“ Frage stellen, ob der Bodenleger die Befestigungsart der OSB-Platten hätte prüfen müssen und aufgrund der falschen Befestigung mittels Nägeln Bedenken anmelden müssen. Das sah das Gericht nicht so. Man könnte in diesem Fall sagen, zum Glück für den Bodenleger, denn es gibt Gerichtsentscheidungen, nach denen der Bodenleger die Befestigungsart der Verlegewerkstoffplatten und sogar die Verleimung der Platten hätte prüfen müssen. Diese „Prüf-Grauzone“ hat schon in einigen Fällen zu erheblichem Ärger bei den betroffenen Parteien vor Gericht geführt.

Die OSB-Platten wurden mit Nägeln auf der Holzbalkendecke befestigt.

Die Nägel hatten sich durch die nutzungsbedingten Schwingungen der Holzbalkendecke nach oben gezogen.

3. Raumklimatische Einflüsse (Feuchtigkeit/Trocknung) können über die Einbauphase der OSB-Platten, den Zeitraum bis zur Verlegung der Bodenbeläge und den Nutzungszeitraum nicht ausgeschlossen werden.

   Im Kommentar zur DIN 18365 „Bodenbelagsarbeiten“ (Ausgabe Januar 2017, [3]) heißt es zur Feuchtemessung an Spanplatten und Fertigteilestrichen: *„Andere Untergründe, z. B. Holzwerkstoffverlegeplatten, einige Fertigteilestriche usw., sind mit gewerkeüblichen Methoden nicht prüfbar und erfordern evtl. weitere bauseitig zu veranlassenden Prüfungen.“*

   Eine Feuchteprüfung nach der CM-Methode ist also nicht möglich. Das bedeutet, wegen der fehlenden Möglichkeit einer vor Ort handwerklich durchzuführenden Feuchtemessung von Spanplatten, OSB-Platten, Fertigteilestrichen usw. wird empfohlen, im Zweifel stets eine Überprüfung nach der Darrmethode vornehmen zu lassen. Diese Messung kann und braucht der Bodenleger nicht durchzuführen, da diese Messungen keine handwerksüblichen Messungen darstellen. Diese Messungen müssen von Gutachtern/Sachverständigen oder dafür autorisierten Einrichtungen ausgeführt werden und vom Auftraggeber extra in Auftrag gegeben und bezahlt werden.

   Der bauleitende Architekt hatte zwei Wochen vor der Ausführung der Bodenbelagsarbeiten den Feuchtegehalt der OSB-Platten nach der Darrmethode bestimmen lassen. Die geprüften Platten waren ausreichend trocken, und es gab keine Bedenken im Hinblick auf zu hohe Feuchtewerte der OSB-Platten. Auch gegen das Raumklima gab es zum Zeitpunkt der Belagsarbeiten keine Bedenken. Vom Sachverständigen, der das dritte Gutachten anfertigte, wurden ebenfalls Feuchtemessungen im Rahmen seines Gutachtens durchgeführt. Dabei wurden keine erhöhten Feuchtewerte der OSB-Platten festgestellt.

   Allerdings gab es zu beachten, dass in einigen wenigen Zimmern, beispielsweise im Lehrerzimmer, unisolierte Heizungs- und Entlüftungsleitungen unmittelbar unter der Holzbalkendecke verlegt wurden. Das führte zu einer Untertrocknung der Holzbalkendecke und einer erheblichen Schrumpfung der OSB-Platten, verbunden mit einer enormen Fugenbildung zwischen den OSB-Platten sowie zur Ablösung der Spachtelmasse und des Bodenbelags.

4. Ob die eingebauten OSB-4-PUR-Platten als Untergrund für die Verlegung von Bodenbelägen generell geeignet sind, kann entsprechend den Angaben des Herstellers nicht eindeutig belegt werden.

Das hätte der Architekt bzw. der bauleitende Architekt prüfen müssen. Diese Prüfung erfolgte nicht, deshalb liegt hier ein Versäumnis des Architekturbüros und des bauleitenden Architekten vor.

Schadensbeseitigung

Im gesamten Schulgebäude wurden der elastische Belag, die Spachtelmasse und die Grundierung mechanisch entfernt, bis auf die festliegenden Bereiche der schwimmenden Verlegung. Der so vorbereitete Untergrund wurde mit einem Industriesauger abgesaugt. Sämtliche OSB-Platten wurden intensiv auf die Holzbalkendecke geschraubt. Anschließend wurde mit einer Epoxidharzgrundierung einmal grundiert und abgequarzt. Es erfolgte eine 3 mm dicke Spachtelung mit einer Anhydritspachtelmasse. Die elastischen Beläge wurden mit geeignetem Dispersionskleber vollflächig geklebt. Dieser neue Systemaufbau hat problemlos funktioniert. Diesen neuen Systemaufbau hat das Architekturbüro in Abstimmung mit einem Verlegewerkstoffhersteller vorgegeben.

Juristische Betrachtung

Auf dringendes Anraten des OLG wurde ein Vergleich geschlossen. Die Bodenlegerfirma musste an den Kläger ca. 115.000 Euro zahlen. Wie die restliche Schadenssumme auf die anderen beteiligten Parteien verteilt wurden, ist nicht bekannt. Mit dieser Regelung waren alle streitgegenständlichen Ansprüche der Parteien bezüglich der Arbeiten am Fußbodenbelag im Gymnasium abgegolten. Die kurz zusammengefasste Begründung lautete wie folgt: Die Ausschreibung war im Hinblick auf die Verlegung der OSB-Platten, die Untergrundvorbehandlung und die vorgeschlagene Grundierung falsch. Die Bodenlegerfirma hatte erkannt, dass die verlegten OSB-Platten ein kritischer und problematischer Untergrund waren. Deshalb hätte die Bodenlegerfirma hier schriftlich Bedenken anmelden müssen, besonders mit dem Hinweis, dass es auch beim Einsatz der wässrigen Epoxidharzgrundierung zu Ablösungen der Verlegewerkstoffe und des Oberbelages kommen kann. Das wurde leider versäumt.

Diplomatie bedeutet auch bei Gericht, sich nicht auf eine Seite der Sichtweise zu stellen, sondern einen guten Mittelweg zu finden, mit dem alle Seiten (wenn auch zähneknirschend) einverstanden sind.

19. Optische Beeinträchtigungen durch Fugen zwischen PVC-Designbelägen

PVC-Designbeläge werden überwiegend als einzelne Planken und Fliesen hergestellt und häufig fest auf den Untergrund verklebt. Aufgrund der Vielzahl der gestalterischen Möglichkeiten sind diese Beläge sehr beliebt, deshalb findet man PVC-Designbeläge im privaten Wohnbereich sowie im gewerblichen Bereich.

Beim Kleben dieser Beläge müssen die Dispersionskleber eine ausreichend harte Kleberfuge ausbilden können, um Belagsbewegungen aufzufangen und so die PVC-Designbeläge fest auf dem Untergrund zu arretieren. Nahezu jeder namhafte Klebstoffhersteller hat entsprechende Spezialprodukte im Angebot. Eine zu weiche Kleberfuge kann Bewegungen/Dimensionsänderungen aus dem PVC-Designbelag nicht auffangen, was in der Regel zu Fugenbildungen und Nahtaufstippungen führt (Kaugummieffekt). Ein- und zweikomponentige Reaktionsharzkleber entwickeln in der Regel eine sehr harte Klebstofffuge mit sehr hoher Klebkraft. Deshalb sollen PVC-Designbeläge in Bereichen mit hoher Wärme- und Kältebelastung (beispielsweise Wintergärten, Schaufenster, Fensterfronten, die bis zum Fußboden reichen) mit Reaktionsharzklebern geklebt werden.

Grundsätzlich kann jeder Bauherr erwarten, dass unmittelbar nach der Verlegung im Rahmen der rechtsverbindlichen/zivilrechtlichen Abnahme die Design-Bodenbelagsfläche ohne Fugenbildung vorliegt, andernfalls würde es sicher keine Abnahme geben. Jeder Bauherr geht davon aus, dass bei einer fachgerechten Verlegung später keine überproportional breiten Fugen entstehen, die nicht nur das Gesamtbild hinsichtlich des Geltungsnutzens erheblich beeinträchtigen, sondern auch die Werterhaltung/Wertschöpfung nachteilig beeinflussen. Da es aber immer wieder zu Fugenbildungen aufgrund unterschiedlichster Ursachen kommen kann, sollte sich der Auftragnehmer für Bodenbelagsarbeiten durch die uneingeschränkte, nachweisbare Aufklärung gegenüber dem Bauherrn absichern. Dem Bauherrn ist dabei bekannt zu machen, dass PVC-Designbeläge im Zuge des Gebrauchs Dimensionsänderungen erfahren können, das bedeutet, sie schrumpfen oder wachsen, und dass diese Maßänderungen auch im fachgerecht geklebten Zustand nicht ausgeschlossen werden können. Nach den heutigen bauherrnfreundlichen Gerichtsentscheidungen werden besonders dann Fugen in der PVC-Designbelagsfläche gerügt, wenn der Bodenleger auf übliche und mögliche Maßänderungen und deren Folgen nicht hingewiesen hat.

Schadensbild

In einer Zahnarztpraxis wurden in sämtlichen Räumen PVC-Designbeläge auf eine 3 mm dicke zementäre Spachtelung geklebt. Nach ca. 3 Monaten traten Fugen zwischen den PVC-Designplanken von 0,3 mm bis 1,2 mm Breite auf. Der Bauherr reklamierte diese optische Beeinträchtigung und verlangte die Neuverlegung der PVC-Designplanken in allen Räumen. Der Bodenleger fand diese Forderung übertrieben. Es kam zum Rechtsstreit, der schließlich vor Gericht ausgetragen wurde. Ein Sachverständiger wurde eingeschaltet.

Regeln und Schadensursachen

Der Bausachverständige stellte die genannten Fugenbreiten beim Ortstermin fest. Weiterhin führte er in seinem Gutachten zusammenfassend aus:

- Es gibt keine Norm, keinerlei verbindliche Vorgaben, wie groß die Fugenbreite zwischen den PVC-Designplanken sein darf, um als hinzunehmende Unregelmäßigkeit zu gelten. Hier sind die Parkettleger einen Schritt weiter. Im Buch über Schäden an Holzfußböden [13] heißt es beispielsweise: *„Daraus ergibt sich für die Praxis als Richtwert, dass Fugen an Holzfußböden in zentralbeheizten Räumen mit maximalen Breiten bis zu*
  - *circa 3,0 mm bei Dielenböden,*
  - *circa 1,0 mm bei Stabparkett,*
  - *circa 0,3 mm bei Mosaikparkett,*

durch jahreszeitliche Feuchteschwankungen bedingt sind und toleriert werden müssen."

- Nach EN 434 „Elastische Bodenbeläge - Bestimmung der Maßänderung und Schüsselung nach Wärmeeinwirkung" [14] ist für PVC-Beläge (unverschweißt) eine Maßänderung von 0,25 % zulässig, das sind 2,5 mm pro Meter Belag. Bei einer PVC-Designplanke mit einer Standardlänge von ca. 91 cm ergeben sich daraus mehr als 2 mm, eine für Bauherrn nicht mehr hinnehmbare Fugenbreite und damit ein echter Mangel, nicht nur in hygienisch sensiblen Bereichen.
- Von zahlreichen Sachverständigen werden Fugenbreiten bis 0,5 mm als hinzunehmende Unregelmäßigkeit akzeptiert. Den normativen Vorgaben entsprechend, dürfen Planken und Fliesen hinsichtlich der Rechtwinkligkeit und Gerad-

heit der Kanten Abweichungen haben, die zwangsläufig, wenn sie kumulieren, Fugen von ca. 0,5 mm Breite unvermeidbar erscheinen lassen. Über Fugenbreiten bis 0,7 mm kann man noch diskutieren, hier bestimmt in der Regel der Endverbraucher, ob er diese Fugenbreite noch akzeptiert. Bei Fugenbreiten über 0,8 mm verlangen in der Regel die Sachverständigen eine Neuverlegung oder einen Kompromiss, der meistens eine erhebliche Wertminderung beinhaltet.

- Bei der optischen Beurteilung von Fugenbreiten ist unbedingt zu beachten, dass Fugen zwischen den Designbelägen bei hellen Oberflächendekoren deutlicher ins Auge fallen als bei dunkleren Farbgebungen. Grund hierfür ist die Tatsache, dass sich der abgesetzte Schmutz in den Fugen mit der Zeit immer dunkler abzeichnet und somit der Kontrast zu den hellen Oberflächendekoren wesentlich größer ist.

- Ursache für die Fugenbildung in diesem konkreten Fall waren der zu geringe Klebstoffauftrag, das Nichtbeachten der Ablüftezeit und das fehlende Anwalzen.

- Die Benetzung der Belagsrückseiten der PVC-Designplanken war größtenteils mangelhaft.

Schadensbeseitigung

Der Zahnarzt verlangte die komplette Neuverlegung in sämtlichen Räumen, da in jedem Raum ein Großteil der Fugen 0,7 bis 1,2 mm breit war. Die PVC-Designplanken und der Dispersionskleber mussten vollständig entfernt werden. Anschließend wurde auf die vorhandene Spachtelung mit einer Dispersionsgrundierung grundiert und 2 mm zementär gespachtelt. Der Klebung der neuen PVC-Designplanken erfolgte mit dem vom Verlegewerkstoffhersteller empfohlenen Dispersionsklebstoff.

Juristische Betrachtung

Dem Verlangen des Zahnarztes hat das Gericht entsprochen, diesen optischen Mangel musste der Zahnarzt nicht hinnehmen. Das Gericht war der Meinung, dass bei einer fachgerechten Verlegung Fugenbreiten von maximal 0,5 mm aufgetreten wären, da der PVC-Designbelag eine hohe Qualität hatte, wie der Belaghersteller bestätigte. Die große Fugenbildung war eindeutig auf Verlegefehler des Bodenlegers zurückzuführen.

Fugenbreiten von 0,4 mm zwischen PVC-Designplanken gelten als hinnehmbare Unregelmäßigkeit.

Fugenbreiten von 1,8 mm sind nicht hinnehmbar.

20. Zerkratzte Oberfläche in einem PVC-Designbelag

Über optische Beeinträchtigungen lässt sich bekanntlich immer trefflich streiten. Aber wenn die Oberfläche des elastischen Bodenbelages zerkratzt ist bzw. Kratzer aufweist, ist ein optischer Mangel nicht wegzudiskutieren.

Schadensbild

In einer Wohnung wurden im Wohnzimmer und im Flur starke Kratzer im PVC-Designbelag festgestellt. Zur Bewertung dieses Mangels wurde der Bodenleger in die entsprechenden Räumlichkeiten zitiert. Der Mieter behauptete, die verlegten PVC-Designbeläge seien enorm empfindlich. Der Bodenleger war sich keiner Schuld bewusst, zur Abnahme seiner Leistung war der PVC-Designbelag ohne jegliche Beanstandung. Der Mieter bezweifelte die Qualität des PVC-Designbelages. Der Bodenleger nahm Rücksprache mit dem Belaghersteller. Der Belaghersteller bestätigte dem Bodenleger, dass kein Qualitätsmangel beim Belag vorliegt. Es kam zum Rechtsstreit, der vor Gericht endete. Das Gericht schaltete einen Sachverständigen ein. Das Gericht wollte vom Sachverständigen wissen, ob die „Empfindlichkeit" des Belages oder eine nicht fachgerechte Einpflege oder eine unsachgemäße Nutzung für diese Kratzer ursächlich sind.

Schadensursachen

Der Sachverständige prüfte die Qualität des PVC-Designbelages, es ergab sich diesbezüglich keine Beanstandung. Der Bodenleger hatte vor Ausführung der Belagsarbeiten dem Bauherrn und dem Mieter die Reinigungs- und Pflegeanleitung schriftlich übergeben. Auch hier gab es keine Beanstandung, der Belag wurde nach den Vorgaben fachgerecht gereinigt und gepflegt. Der Sachverständige stellte fest, dass die Kratzer auf dem Bodenbelag durch harte Möbelauflagen ohne entsprechende „Gleiter" verursacht wurden, zum Beispiel durch Blumenkübel und eine Wäschetruhe. Auf dem Boden der Wäschetruhe befanden sich zwei Stahlwinkel als Halterung, die direkt auf dem Bodenbelag auflagen. Da die Wäschetruhe sehr schwer war, wurde sie auf dem Belag ohne Anheben direkt verschoben. Aber auch andere schwere, alte Möbel wurden offenbar direkt auf dem Belag verschoben, ohne die Möbel anzuheben. Das gab der Mieter auch zu.

Schadensbeseitigung

Der Sachverständige schlug vor, den Belag gründlich zu reinigen und mit einem 2-K-PU-Finish zu versiegeln. Des Weiteren schlug er vor, bestimmte Maßnahmen bezüglich der Gleiter und Rollen zu treffen, um zukünftigen Schaden zu verhindern.

Wenn man Kratzer verhindern will, muss man Filzgleiter, Gleiter aus PTFE (Teflon), an denen sich kein Schmutz festsetzen kann, sowie weiche Stuhlrollen (Typ „W") einsetzen.

Juristische Betrachtung

Der Bodenleger und der Belaghersteller waren bei diesem Fußbodenschaden außen vor. Der Mieter hatte aufgrund der unsachgemäßen Nutzung des Belages diesen Schaden verursacht. Aus Kostengründen ist der Mieter dem kostengünstigen Vorschlag des Sachverständigen, den Belag mit einer 2-K-PU-Versiegelung zu versehen, gefolgt. Außerdem wird er seine Blumenkübel, seine Wäschetruhe und seine schweren alten Möbel zukünftig bei einer Verschiebung oder beim Transport anheben.

Extrem zerkratzte Oberfläche durch die Wäschetruhe.

21. Wellenbildung in einem PVC-Designbelag

Blasen-, Beulen- und Wellenbildungen in einem PVC-Designbelag können verschiedene Ursachen haben. Die Sachverständigen müssen in ihrer Detektivarbeit die Schadensursache herausfinden, da bei dieser Problematik in der Regel bei den betroffenen Parteien viel Unklarheit herrscht, aber auch viel gelogen wird.

In einem großen Kaufhaus wurden im Rahmen einer umfangreichen Sanierung in fast allen Räumen PVC-Designbeläge verlegt. Die Bodenbelagsarbeiten wurden bis auf die Randbereiche an den aufgehenden Wänden und Säulen fachgerecht ausgeführt.

Schadensbild

Im unmittelbaren Bereich aller aufgehenden Wände und Säulen wölbten sich die PVC-Designplanken in Form von Wellenbildungen. Dieser Mangel wurde vom Bauherrn beim Bodenleger reklamiert. Der Bodenleger war der Meinung, dass hier ein Produktversagen oder ein verdeckter Mangel im Untergrund den Schaden verursacht hatte, den er sich nicht erklären konnte. Da der Belaglieferant und der Verlegewerkstoffhersteller bei ihren Produkten kein Versagen feststellen konnten, kam es zum Rechtsstreit. Die beteiligten Parteien einigten sich auf ein Schiedsgutachten.

Schadensursache

Wenn die Ablüftezeit bei Dispersionsklebstoffen überschritten wird, kommt es nur zu einer Haftklebung, bei der die Rückseite des Bodenbelages nicht ausreichend benetzt wird. Der Dispersionsklebstoff hat bereits eine hartelastische Riefe gebildet, auf der der PVC-Designbelag aufliegt. Und genau das ist hier in den Randbereichen passiert. Der Sachverständige rekonstruierte die Schadensursache wie folgt: Die Bodenleger hatten in den Randbereichen den Dispersionsklebstoff über eine relativ große Fläche aufgetragen. Erst dann wurden von den Bodenlegern die PVC-Designplanken zugeschnitten, da die Planken in die Randbereiche eingepasst werden mussten. Durch diesen Arbeitsgang wurde die Ablüftezeit überschritten und so die zugeschnittenen Planken zu spät ins Klebstoffbett eingelegt. Außerdem waren die Planken so zugeschnitten, dass sie ohne Fuge unmittelbar an den aufgehenden Bauteilen angrenzten. Die PVC-Designplanken ließen sich größtenteils problemlos ohne Kraftanstrengung aus dem Klebstoffbett entfernen. Die Klebstoffriefen waren nicht zerquetscht. Aufgrund der unzureichenden Klebung und des engen Anschnittes an die aufgehenden Wände kam es zu der Wellenbildung in den PVC-Designplanken in diesem Bereich.

Grundsätzlich gilt: Die Ablüftezeit ist nach dem Klebstoffauftrag so lang wie nötig, aber auch so kurz wie möglich zu wählen (Tackphase). Die Klebstoffriefen müssen sich in jedem Fall noch flachdrücken lassen. Anschließend ist der Belag einzulegen, anzureiben und zusätzlich anzuwalzen. Beim probeweisen Zurücknehmen einzelner Designplanken ist die richtige Einlegezeit erreicht, wenn eine vollständige Benetzung der Belagsrückseite und ein Fadenzug erkennbar sind.

Schadensbeseitigung

Die PVC-Designplanken wurden in diesen Bereichen aufgenommen, an der Belagrückseite der gering vorhandene Dispersionskleber entfernt und die Planken so zugeschnitten, dass eine Fuge zwischen Belag und aufgehenden Wänden gewährleistet war. Die Klebstoffriefen auf der Spachtelmasse wurden mechanisch entfernt, mit einem Industriesauger abgesaugt und anschließend die PVC-Designplanken fachgerecht geklebt.

Juristische Betrachtung

Der Bodenleger hatte zwei Verlegefehler begangen, deshalb musste er den Schaden zu seinen Lasten beheben. Durch das Schiedsgutachten wurden wenigstens die Gerichtskosten gespart.

21. Wellenbildung in einem PVC-Designbelag

Die PVC-Designplanken wurden im Randbereich zu spät eingelegt und zu eng angeschnitten, daher die Wellenbildung im Designbelag.

Auch an den Betonpfeilern wurde falsch gearbeitet.

22. Beheizter Schnellestrich war zu feucht

Grundsätzlich muss der Untergrund für die Ausführung der Bodenbelagsarbeiten eben, dauertrocken, sauber, rissfrei, frei von Trennmitteln, zug- und druckfest sein.

Der Bauherr/Planer muss dem Bodenleger vor Beginn der Bodenbelagsarbeiten auf beheizten Schnellestrichen folgende Unterlagen zur Verfügung stellen:

- Aufheizprotokoll nach Vorgabe des Schnellestrichherstellers.
- Unterlage, aus der der CM-Wert hervorgeht, ab dem der beheizte Schnell-Zementestrich schadensfrei mit Bodenbelag belegt werden kann.
- Unterlage, wie der Feuchtegehalt des Estrichs nach der CM-Methode zu messen ist.

Diese Unterlagen muss der Hersteller des Schnellestrichs bzw. des Zusatzmittels liefern. Offensichtlich hat es bei dieser Vorgehensweise häufig Probleme gegeben. Die Estrichleger, aber auch die Bauherren, Planer und Bauleiter waren hier wenig kooperativ, und die Bodenleger mussten um die erforderlichen Angaben zur Feuchtemessung im beheizten Schnellestrich regelrecht betteln. Deshalb gibt es seit 2014 ein Protokoll zur Dokumentation der CM-Messung gemäß der Arbeitsanweisung des Bundesverbandes Estrich und Belag [15]. Darin steht Folgendes: *„Sonderestriche – die rechtsverbindliche Freigabe der Belegereife ist dem Bodenleger vom Bauherrn zu übergeben. Estriche mit nicht bekannter Zusammensetzung sind durch den Oberbodenleger nicht beurteilbar.“*

Für jeden Bodenleger ist diese Vorgehensweise eine einfache und augenscheinlich sichere Sache, die sehr zu begrüßen und vollkommen richtig ist. Trotzdem bleiben Zweifel an der Kooperationsfähigkeit der Bauherren/Architekten, die einen Fachmann mit der Überprüfung des Feuchtegehaltes des Schnellestrichs beauftragen und die Kosten für diese Prüfung tragen müssen. Der Zeitdruck auf die Bodenleger spielt auch hier eine nicht unerhebliche Rolle.

Jeder Bodenleger sollte wissen, wenn er ohne die rechtsverbindliche Freigabe einen Oberbelag auf einen beheizten Schnellestrich verlegt, dass er dann ein hohes Risiko eingeht. Bei beheizten Sonderestrichen muss in jedem Fall das Funktionsheizen durchgeführt werden. Das Funktionsheizen dient dem Heizungsbauer als Nachweis für die mangelfreie Erstellung seines Gewerkes. Ob ein Belegreifheizen erforderlich ist, wie beispielsweise bei den normalen mineralischen Heizestrichen, muss beim Hersteller des Schnell-Heizestrichs erfragt werden. Es gibt Hersteller, die bei ihrem Schnell-Heizestrich auf ein Belegreifheizen verzichten, weil sie der Meinung sind, der Schnellestrich ist sowieso nach einem bestimmten Zeitraum (beispielsweise nach 3 Tagen) belegereif. Andere Hersteller bestehen auf einem Belegreifheizen, in der Regel genau nach ihren Vorgaben. Diese Hersteller bestehen dann auch regelmäßig auf dem von ihnen vorgegebenen Aufheizprotokoll.

Eine Grundschule wurde im Fußbodenbereich saniert. In acht Klassenräumen wurde der marode Altestrich entfernt und aus Zeitgründen ein neuer beheizter Schnellestrich in der Ferienzeit eingebaut. Der Bodenleger verlangte vor der Ausführung seiner Bodenbelagsarbeiten die rechtsverbindliche Freigabe für die Belegereife sowie das Aufheizprotokoll. Der Bodenleger erhielt beide Unterlagen vom Bauherrn.

Die Belagsarbeiten wurden im August/September ausgeführt. Es wurde mit einer Dispersionsgrundierung vorgestrichen, zementär gespachtelt und der PVC-Belag mit einem Dispersionskleber geklebt.

Schadensbild

Bereits im Dezember zeigten sich erste Blasen und Beulen im PVC-Belag, die Blasen- und Beulenbildung nahm bis zum Februar des darauffolgenden Jahres ein extremes Schadensbild an (siehe nachfolgendes Bild). Die Nutzung der Klassenräume wurde vor allem durch die Stolperstellen erheblich beeinträchtigt. Der Bauherr und der Architekt reklamierten die Bodenbelagsarbeiten und verlangten vom Bodenleger die Neuverlegung des PVC-Belages. Die Verlegung eines PVC-Belages auf einen neu eingebauten Estrich war für den erfahrenen Bodenleger eine Regelausführung, die er bisher jahrelang ohne jegliche Beanstandung ausgeführt hatte. Es kam zum Streit, da sich der Bodenleger keiner Schuld bewusst war. Der Bauherr klagte vor Gericht gegen den Bodenleger. Das Gericht schaltete einen Sachverständigen ein.

Schadensursache

Der Sachverständige entfernte an den besonders extremen Stellen den PVC-Belag und stellte Folgendes fest:

- Die zementäre Spachtelmasse war weich, teilweise sogar pulverisiert und vom Estrich abgelöst.
- Der Dispersionskleber war größtenteils verseift und schmierig.
- Der PVC-Belag hatte sich in Form von Blasen und Beulen vom Untergrund abgelöst.
- Der Sachverständige vermutete aufsteigende Feuchtigkeit aus dem Schnellestrich. Deshalb hatte er zunächst orientierende Messungen am Schnellestrich mit dem Feuchtemessgerät CAISSON V1-D4 und dem GANN 12032 Hydromette BL COMPACT B2 durchgeführt. Es lagen eindeutig unübliche hohe Feuchtewerte vor. Der Sachverständige hat dann umfangreiche CM-Messungen vorgenommen. Um die Heizungsrohre bei der Entnahme des Prüfgutes nicht zu beschädigen, wurden die Messstellen mittels Thermografie (Infrarotverfahren) festgelegt. Die ermittelten Feuchtewerte lagen alle über den vom Hersteller für die Belegereife des beheizten Schnellestrichs vorgegebenen CM-Werten. Der Fußbodenschaden war also eindeutig darauf zurückzuführen, dass der Schnellestrich zu feucht war und die erforderliche Belegereife nicht erreicht hatte. Die teilweise Pulverisierung der Spachtelmasse deutete darauf hin, dass bei der zementären Spachtelmasse eventuell das Verhältnis Zement- zu Gipsanteilen nicht passte. Hier wurden keine weiteren Untersuchungen veranlasst, das war dem Bauherrn zu teuer.

Schadensbeseitigung

Der PVC-Belag sowie die Verlegewerkstoffe wurden in allen acht Klassenräumen restlos entfernt. Nach den Vorgaben des Estrichherstellers wurde ein Belegereifheizen durchgeführt. Der Bauherr wollte ganz sicher gehen und hat deshalb den Auftrag einer abgequarzten Reaktionsharz-Sperrgrundierung veranlasst. Anschließend wurde zementär gespachtelt und der Belag mit einem Dispersionskleber geklebt.

Juristische Betrachtung

Der Bauherr hatte dem Bodenleger die rechtsverbindliche Freigabe für die Belegereife sowie das Aufheizprotokoll übergeben. Dadurch hatte der Bodenleger keine Schuld an diesem Feuchteschaden. Wer die Feuchtemessungen am beheizten Schnellestrich wie durchgeführt hat, die zur (leichtfertigen) Freigabe führten, ist nicht bekannt. Es ist auch nicht bekannt, wer die nicht unerheblichen Kosten von geschätzten 20.000 € getragen hat, jedenfalls nicht der Bodenleger.

Extreme Blasen- und Beulenbildung in den Klassenzimmern.

Weiche, teilweise pulverisierte Spachtelmasse.

23. Oberflächenschäden am Linoleumbelag durch diverse Ursachen

In einer Grundschule wurden die Oberflächenbeschaffenheit sowie Beschädigungen in der Belagsoberfläche des Linoleumbelages bei der Reinigungsfirma reklamiert. Die Reinigungsfirma war der Meinung, sie habe vorschriftsmäßig gearbeitet, gemäß den Vorgaben aus der Reinigungs- und Pflegeanleitung des Belagherstellers. Es kam zum Rechtsstreit, der von einem Gericht geklärt werden musste. Das Gericht schaltete einen Sachverständigen ein.

Schadensbild

Der Sachverständige stellte zwei Arten einer Beeinträchtigung fest.

Oberflächenbeschädigungen durch mechanische Beanspruchungen:

- Schleifspuren
- Beulen durch harte Stuhlrollen vom Typ H
- Eindrücke, Dellen und Vertiefungen im Bodenbelag.

Optische Beeinträchtigungen, die nicht auf mechanische Ursachen zurückzuführen waren:

- Farbunterschiede zwischen den einzelnen Linoleumbahnen
- schwarze Rundabdrücke
- Oberflächenkontaktverschmutzungen
- Grauschleier
- glänzende bis matte Belagsoberflächen.

Schadensursache/Schadensbeseitigung

- Schleifspuren, Eindrücke, Dellen und Vertiefungen wurden durch verschmutzte, beschädigte, abgenutzte und fehlende Stuhlgleiter verursacht, aber auch durch das Verschieben von Tischen und durch falsche Stuhlrollen. Diese Stuhlgleiter mussten durch neue, geeignete Gleiter ausgetauscht werden.

- Außerdem wurden die harten Stuhlrollen Typ H durch weiche Stuhlrollen Typ W ersetzt. Dadurch entfallen natürlich auch die Beulen im Linoleumbelag. Die vorhandenen Beulen mussten fachgerecht von einem Bodenleger beseitigt werden.

- Der Sachverständige schlug vor, die Farbunterschiede zwischen den einzelnen Linoleumbahnen und den Grauschleier durch eine neue, matt eingestellte entfernbare Oberflächenversiegelung zu kaschieren. Allerdings konnte die alte Versiegelung in den Eindrücken, Dellen und Vertiefungen auch durch ein blaues Spezial-Pad nicht vollständig entfernt werden. Die alte Versiegelung war hier fest mit der Belagsoberfläche verbunden und so als glänzende Punkte gut erkennbar. Der Nutzer war mit diesem Erscheinungsbild nicht zufrieden, hat aber letztendlich diesen optischen Mangel akzeptiert.

- Der Oberflächenkontaktschmutz und die schwarzen Rundabdrücke wurden durch eine intensive Grundreinigung entfernt. Hier hatte die Reinigungsfirma eindeutig Defizite.

Juristische Betrachtung

Die Schleifspuren, Eindrücke, Dellen und Vertiefungen, die durch verschmutzte, beschädigte, abgenutzte und fehlende Stuhlgleiter entstanden waren, ließen sich nicht beseitigen. Mit diesem Mangel muss die Grundschule leben. Hier ist die Grundschule (womöglich der Hausmeister) ihrer Kontrollfunktion nicht nachgekommen, in diesem Fall hätte man viel früher eingreifen müssen. Hier lag die Schuld eindeutig beim Nutzer.

Die schwache Reinigungsleistung der Reinigungsfirma stand vor allem im Mittelpunkt der Auseinandersetzung. Die Reinigungsfirma wurde aufgefordert, die Reinigungs- und Pflegeempfehlung des Linoleumherstellers voll umzusetzen und alle Nachlässigkeiten abzustellen. Es wurde eine Kulanzregelung vereinbart.

Extrem verschlissener Gleiter.

Professionelle Reinigung hätte diesen Schaden sicher verhindert.

24. Blasen- und Beulenbildung im neu verlegten Linoleumbelag

Blasen und Beulen sind die häufigsten und typischsten Schäden bei elastischen Bodenbelägen. Die häufigsten Ursachen bei der Blasen- und Beulenbildung in elastischen Belägen sowie deren Ablösung vom Untergrund sind handwerkliche Fehlleistungen sowie falsche Nutzung der Fußbodenkonstruktionen. Dies waren auch die Ursachen in einer Senioreneinrichtung für die Blasen- und Beulenbildung im neu verlegten Linoleumbelag.

Schadensbild

In unmittelbarer Nähe der Nahtbereiche kam es zu zahlreichen Blasen und Beulen im neu verlegten Linoleumbelag. Im Bereich der Bürodrehsessel wölbte sich ebenfalls der Belag auf. Der Bodenleger hatte in beiden Bereichen durch Aufschneiden und Unterspritzen der Blasen und Beulen versucht, diesen Mangel zu beseitigen. Das gelang ihm leider nicht, sodass der Bauherr zur Klärung einen Sachverständigen im Rahmen eines Schiedsgutachtens einschaltete.

Schadensursache

Der Sachverständige stellte fest, dass aufgrund von unverschweißten bzw. nicht fachgerecht verschweißten/verfugten Linoleumbelägen Reinigungswasser in die offenen Nahtbereiche eindringen konnte und so Schäden durch Blasenbildung, hochstehende Nahtkanten und Ablösung der Beläge entstanden. Außerdem hatte der Bodenleger eine hohe Anzahl von Blasen mit einer Trapezklinge aufgeschnitten und die Einschnitte nicht geschlossen. In einigen Bereichen war die Schweißschnur eingefallen, einseitig abgerissen und verschmutzt. Wenn der Schmelzdraht nach relativ kurzer Nutzungsdauer einseitig abreißt bzw. sich vom Belag trennt, können mehrere Faktoren für diesen Schaden ursächlich sein. Typisch für dieses Schadensbild sind ein zu tiefes Fräsen der Fuge, die falsche Temperatureinstellung des Schweißgerätes, eine falsche Einstellung der Fugenfräse und eine falsche Arbeitsgeschwindigkeit. Die Herstellerangaben des Linoleumherstellers sind hier unbedingt zu beachten. Eine Fugenfräse mit automatischer Tiefenregulierung bietet die größte Sicherheit.

Aber auch die Nutzer waren nicht schuldlos. Die Bürodrehsessel waren alle mit dem Rollentyp H ausgestattet, also einer harten Rolle, die nicht für Linoleumbeläge geeignet ist und im Bereich der Bürodrehsessel Blasen und Beulen verursacht hatte.

Schadensbeseitigung

Der Sachverständige forderte, die unverschweißten bzw. die nicht fachgerecht verschweißten/verfugten Nähte nach den Vorgaben des Linoleumherstellers zu bearbeiten und so das Eindringen von Reinigungswasser zu verhindern. Die Linoleumhersteller beschreiben in ihren Verlegeanleitungen, wie die gefrästen Nähte im Linoleumbelag zu verschließen sind. Auch die Einschnitte in Blasen und Beulen mussten nachträglich verschlossen werden. Der Rollentyp H wurde durch den Rollentyp W (weiche Rollen) ausgetauscht. Der Gesamtschaden lag bei etwa 4.000 Euro.

Juristische Betrachtung

Die Bodenlegerfirma war mit der Linoleumverlegung offensichtlich überfordert. Deshalb wurde der Anwendungstechniker des Linoleumherstellers angefordert, der mit seinem Können und seinen Tricks den Schaden beseitigen half. Bis auf die Blasen und Beulen im Bereich der Bürodrehsessel musste der Bodenleger alle Nachbesserungskosten tragen.

Die Einschnitte im Linoleumbelag zur Beseitigung der Blasen und Beulen wurden nicht geschlossen.

Flankenabriss in der Naht.

Rissbildung im Linoleumbelag.

Stippnähte im Linoleumbelag.

25. Der Dispersionsklebstoff war der Schwachpunkt

In einem Laborgebäude war folgender Fußbodenaufbau vom zuständigen Architekturbüro auf einem Verbund-Zementestrich ausgeschrieben:

- Dispersionsvorstrich
- geeignete zementäre Spachtelmasse
- Klebstoff für den Kautschuk-Bodenbelag
- Kautschuk-Bodenbelag in Bahnen 3,5 mm dick nach DIN EN 1817, homogen, Einstufung DIN EN ISO 10874 Klasse 34 (gewerblicher Bereich, sehr starke Beanspruchung).

Die Ausschreibung war sehr dürftig, hier hätte der Bodenleger bereits nachfragen und eine konkretere Ausschreibung fordern müssen. Die intensivste Nutzung des Fußbodens erfolgte durch sogenannte LF-Boxen mit Polyamidrädern (Shore-A-Härte von ca. 82 bis 86). Bereits nach einem halben Jahr kam es zu Blasen und Beulenbildung im Kautschukbelag. Der Bodenleger war sich keiner Schuld bewusst und war mit der Einschaltung eines Sachverständigen durch den Auftraggeber zur Beurteilung des Belagsschadens einverstanden. Der Bodenleger wollte die Gerichtskosten sparen.

Schadensbild

Der Sachverständige stellte in den Bereichen, in denen die LF-Boxen ständig bewegt wurden, bzw. in den Standstellen, eine intensive Blasen- und Beulenbildung im Kautschukbelag fest.

Schadensursache

Der Sachverständige öffnete drei Stellen mit Blasen und Beulen und stellte Folgendes fest:

- Am Untergrund und an der Spachtelmasse trat kein Schaden auf. Die Spachtelmasse war fest mit dem Verbund-Zementestrich verbunden.

- Der Schwachpunkt war der eingesetzte faserarmierte Dispersionsklebstoff. An den geöffneten Stellen gab es nur eine geringe Adhäsion zwischen Bodenbelag und Spachtelmasse. Der faserarmierte Dispersionsklebstoff war nicht in der Lage, die Scher- und Schälkräfte aus der Nutzung schadensfrei aufzunehmen und so eine Formänderung des Kautschukbelages zu verhindern.

- Die Überprüfung des eingesetzten Kautschukbelages ergab, dass der Kautschukbelag für diese Art der Nutzung mit den Polyamidrädern geeignet ist.

Schadensbeseitigung

In den Bereichen mit Blasen und Beulen im Belag wurde der Kautschukbelag und der Dispersionskleber vollständig entfernt und ein neuer Kautschukbelag mit einem geeigneten Polyurethankleber geklebt.

Juristische Betrachtung

Der Bodenleger hätte gegen die dürftige Ausschreibung Bedenken anmelden müssen. Der Architekt hätte bei dieser Nutzung einen Polyurethankleber zwingend ausschreiben müssen. Die Belaghersteller von Kautschukbelägen fordern übrigens, dass Kautschukbeläge ab einer Dicke von 3,2 mm in der Regel mit einem Polyurethanklebstoff zu kleben sind. Es lohnt sich also immer wieder, als Bodenleger vor der Ausführung der Belagsarbeiten alle technischen Unterlagen, auch die der Belagshersteller, zu lesen.

Architekt und Bodenleger haben sich den Schaden zu je 50 % geteilt.

LF-Box mit Polyamidrädern.

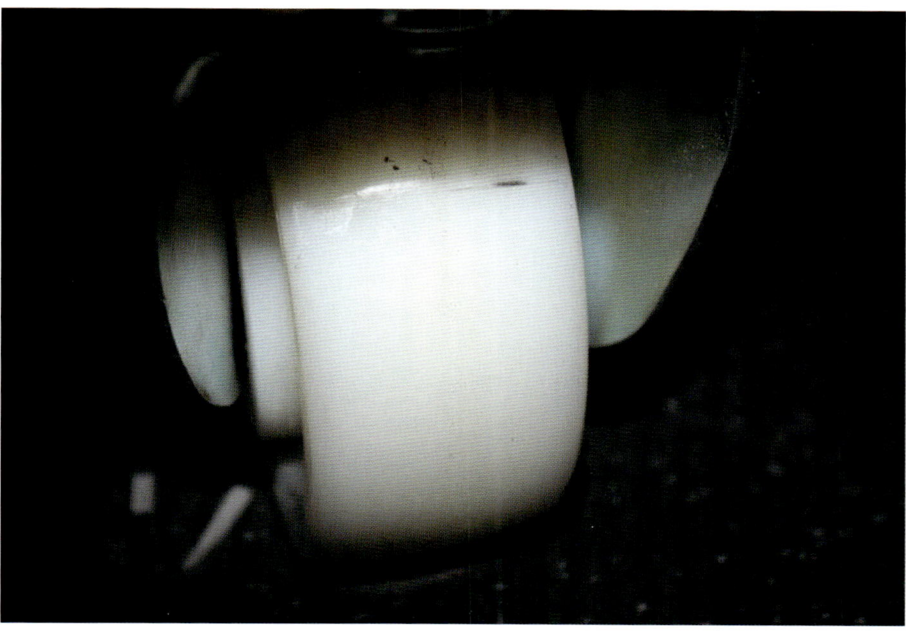

Polyamidlaufrad – sichtbarer Liniendruck.

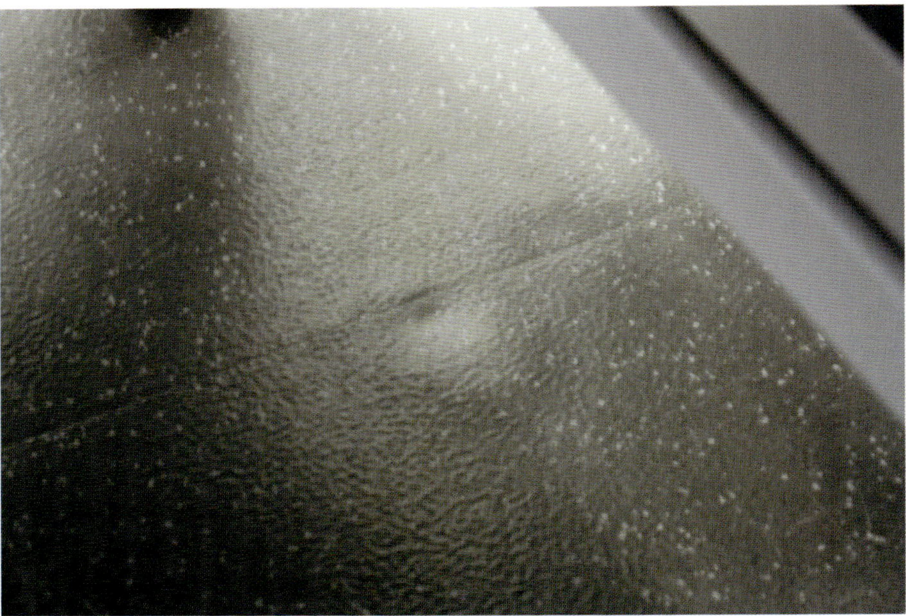

Standfläche einer LF-Box mit einer Belagsverformung.

26. Fehlende Messung der Holzfeuchte vor der Belagsverlegung auf Dielen

Auf Dielenböden werden häufig Bodenbeläge schadensfrei verlegt. Voraussetzung ist jedoch, dass bestimmte Grundregeln beachtet werden, wie beispielsweise:

- Unmittelbar vor Beginn der Ausführung der Bodenbelagsarbeiten muss die Holzfeuchte der Dielen überprüft werden. Die Holzfeuchte muss in geschlossenen, beheizten Räumen 9 ± 3 % betragen.
- Die Dielen müssen in Nut und Feder verlegt sein.
- Gemäß Merkblatt TKB-8 „Beurteilen und Vorbereiten von Untergründen für Bodenbelag- und Parkettarbeiten" (Stand April 2015, Absatz 4.3.2 [16]) ist eine fachgerechte, dauerhafte Hinterlüftung der Dielung zu gewährleisten.

Das häufigste Versäumnis bei dieser Art der Belagsverlegung ist die Messung der Feuchte der Dielung vor den Verlegearbeiten.

Im Rahmen der Sanierung eines Schulgebäudes wurde in fast allen Räumen die alte Dielung entfernt und durch eine neue Dielung ersetzt. Die Dielung wurde mit einer geeigneten Dispersionsgrundierung grundiert und mit einer Gipsspachtelmasse gespachtelt. Anschließend wurde ein Linoleumbelag geklebt.

Schadensbild

Bereits zwei Monate nach den Bodenbelagsarbeiten lösten sich in den Räumen, in denen auf den neu eingebauten Dielenboden Bodenbelagsarbeiten ausgeführt worden waren, der Linoleumbelag und die Spachtelmasse vom Dielenboden ab (siehe nachfolgendes Bild). Die Spachtelmassenschollen zeichneten sich deutlich im Linoleumbelag ab.

Schadensursache

Die neu eingebauten Dielen wurden auf ihren Feuchtegehalt überprüft. Dabei wurden Holzfeuchten von bis zu 20 % festgestellt. In geschlossenen beheizten Räumen sollte die Holzausgleichsfeuchte gemäß DIN 1052-1 [17] und DIN 68100 [18/] 9 ± 3 % betragen. Aufgrund der Trocknungsspannungen der neuen Dielung erfolgte der Abriss der Spachtelmasse vom Untergrund. Da nahezu die gesamte Spachtelmasse vom Dielenboden abgerissen war, haben die Trocknungsspannungen des Holzes die Haftzugfestigkeit der Grundierung und der Spachtelmasse bei Weitem übertroffen.

Die Gipsspachtelmasse hat sich aufgrund der zu hohen Feuchte und der damit verbundenen Trocknungsspannungen des neu eingebauten Dielenbodens vom Untergrund abgelöst.

Schadensbeseitigung

Der neu verlegte Linoleumbelag und die Verlegewerkstoffe wurden vollständig entfernt. Nach dem Trocknen der neuen Dielen wurde erneut grundiert, gespachtelt und ein neuer Linoleumbelag verlegt.

Juristische Betrachtung

Die Bodenlegerfirma war der Meinung, dass hier die Verlegewerkstoffe versagt haben. Es kam zum Rechtstreit, der im Rahmen eines Schiedsgutachtens geklärt wurde. Am Ende musste die Bodenlegerfirma ihren Fehler bei der Belagsverlegung eingestehen. Der Schaden war dabei nicht unerheblich, er lag bei ca. 20.000 Euro.

Die abgelöste Spachtelmasse ist eindeutig zu erkennen.

27. Dielenboden zeichnet sich im neu verlegten PVC-Belag deutlich ab

Gemäß dem Stand der Technik sowie den Empfehlungen der Hersteller der Verlegewerkstoffe ist es ohne Weiteres möglich, Dielenböden nach fachgerechter Untergrundvorbehandlung zu grundieren, zu spachteln und anschließend den Bodenbelag zu kleben. Dieser Aufbau wird seit Jahren erfolgreich praktiziert. Zu beachten sind in jedem Fall die Hinweise und Verarbeitungsrichtlinien der Verlegewerkstoffhersteller.

Das Abzeichnen der Dielen im Bodenbelag ist dabei eher die Ausnahme als die Regel. Ursache für das Abzeichnen der Dielen im Bodenbelag sind in jedem Fall Schüsselungen der Dielen. Unter Schüsselungen der Dielen versteht man die Schwund- bzw. Quellformen des Holzes durch Feuchtigkeitsaufnahme bzw. -abgabe. Bei konvexen Schüsselungen, also Aufwölbungen der Dielen nach oben, sind die Dielen an der Unterseite wesentlich intensiver getrocknet als an der Oberseite, die gespachtelt wurde und auf der sich der Bodenbelag befindet (sogenannte Untertrocknung). Grundsätzlich müssen alle gespachtelten und mit Belag belegten Dielenböden hinterlüftet werden. Dadurch wird der Luftaustausch zwischen Raumluft und der Luft im Blindboden gewährleistet und die Auffeuchtung oder Untertrocknung der Dielung verhindert. Wenn keine Hinterlüftung der Dielung erfolgt, kommt es häufig zu Dielenschüsselungen, die sich im Oberbelag abzeichnen. Dieser vor allem optische Mangel wird vom Bauherrn reklamiert.

Schadensbild

In Büroräumen wurde im Rahmen der Gebäudesanierung auf einen alten Dielenboden grundiert, zementär gespachtelt und PVC-Belag verlegt. Nach ca. einem halben Jahr zeichnete sich im PVC-Belag deutlich der Dielenuntergrund in Form einer konvexen Aufwölbung ab. Die Spachtelmasse und der PVC-Belag waren fest mit dem Dielenuntergrund verbunden, es gab keine Ablösungen und keine Blasen und Beulen.

Schadensursache

Ursache für das Abzeichnen der Dielen im Bodenbelag war das sogenannte Schüsseln der Dielen. Die Schüsselungen lassen sich nur verhindern, wenn der Dielenuntergrund fachgerecht hinterlüftet wird. Dadurch herrschen im Hohlraum unter der Dielung die gleichen raumklimatischen Bedingungen wie in den betreffenden Räumlichkeiten.

Schadensbeseitigung

Im Extremfall müssen die Verlegewerkstoffe und der Oberbelag entfernt werden, und nach dem Rückgang der Dielenschüsselung ist eine fachgerechte Neuverlegung der Oberbeläge auszuführen. Häufig einigen sich Bauherr und Bodenleger auf eine nachträglich eingebauten Hinterlüftung. Dazu werden in einem Abstand von ca. 10 cm unmittelbar vor die Sockelleisten Löcher mit 10 mm Durchmesser gebohrt. Über diese Löcher werden Schutzsiebe eingebaut, um das Eindringen von Schmutz zu verhindern. Aus optischen Gründen werden diese Siebe häufig nicht installiert. Bei der nachträglichen Hinterlüftung geht jedoch in der Regel die Schüsselung nicht vollständig zurück. Darauf hat der Bodenleger den Bauherrn hinzuweisen.

Juristische Betrachtung

Der Bodenleger war der Meinung, dass mit den Verlegewerkstoffen etwas nicht stimmte. Er war mit einem Schiedsgutachten einverstanden, das er dann allerdings verlor. Der Bodenleger einigte sich mit dem Bauherrn auf eine nachträgliche Hinterlüftung, wie im Abschnitt „Schadensbeseitigung“ beschrieben.

27. Dielenboden zeichnet sich im neu verlegten PVC-Belag ab

Geschüsselte Dielen zeichnen sich im PVC-Belag ab.

28. Nachträglich eingedrungene Feuchte verursachte Blasen und Beulen

Jeder Sachverständige muss damit rechnen, dass auch nachträglich Feuchtigkeit in den Untergrund eingedrungen sein kann. Dafür gibt es eine Reihe von Beispielen. Das nachfolgend aufgezeigte Beispiel war besonders tückisch, da es zu großem Ärger führte und anfangs niemand wusste, woher die Blasen und Beulen im Linoleumbelag kamen.

Schadensbild

Im Rahmen der Sanierung eines größeren Verwaltungsgebäudes wurden auf einen alten Anhydritestrich Linoleumbeläge verlegt. In der Heizperiode, also ca. ein halbes Jahr später, entstanden im Linoleumbelag in den Bereichen Blasen und Beulen, in denen neue Innentüren eingebaut und Wanddurchbrüche in den Betonwänden ausgeführt waren. Der Bauherr reklamierte diesen Fußbodenschaden. Der Bodenleger war sich keiner Schuld bewusst, da er die insgesamt 6.000 m^2 Fußbodenfläche ohne jegliche Beanstandung verlegt hatte. Warum kam es ausgerechnet in den genannten Bereichen zu der Blasen- und Beulenbildung? Ein Sachverständiger wurde eingeschaltet, der im Rahmen eines Schiedsgutachtens die Schadensursache klären und den Schadensverursacher ausfindig machen sollte.

Schadensursache

Für den Einbau der neuen Innentüren und der Wanddurchbrüche hatte eine Firma mit einem Betonschneidgerät Öffnungen in die Betonwände geschnitten. Beim Betonschneiden werden die Schneidblätter intensiv mit Wasser gekühlt.

Das Kühlwasser hatte diese Firma in nicht geringer Größenordnung in den Fußboden einlaufen lassen. Der sehr trockene Anhydritestrich und die darunter befindlichen Rundlochdeckenplatten hatten das Kühlwasser begierig aufgesaugt. Das in den Estrich eingedrungene Wasser war deshalb zum Zeitpunkt der Bodenbelagsarbeiten nicht mehr sicht- und feststellbar. In der Heizperiode entstand in diesen Bereichen aufgrund der großen eingeschlossenen Wassermengen ein Wasserdampfdruck, der die Blasen und

Beulen in den betroffenen Bereichen verursacht hatte. Übrigens hatte ein Elektriker die relativ großen Wassermengen beim Bohren der Löcher in die Rundlochdeckenplatten für die Lampenmontage festgestellt. Er berichtete, dass bei diesen Arbeiten das Wasser eimerweise aus den Rundlochdecken gelaufen war.

Schadensbeseitigung

Der Bodenbelag und die Verlegewerkstoffe in den betroffenen Bereichen wurden entfernt. Das Wasser aus den Rundlochdeckenplatten wurde nach der „Elektrikermethode" durch das Anbohren an der Unterseite der Deckenplatten entfernt.

Der Estrich und die Rundlochdeckenplatten wurden zwangsgetrocknet. Anschließend wurde neu grundiert, gespachtelt und ein neuer Linoleumbelag in den betroffenen Bereichen verlegt.

Nachträglich eingedrungene Feuchtigkeit in den Fußboden durch das Kühlwasser des Betonschneiders.

Auch an solchen Stellen sind später Blasen und Beulen im neu verlegten elastischen Bodenbelag vorprogrammiert.

Juristische Betrachtung

Der Bodenleger hatte vor Beginn seiner Arbeiten die Feuchte des alten Anhydritestrichs mit dem CM-Gerät gemessen, der Estrich war ausreichend trocken. Immerhin war dieser Estrich über 30 Jahre alt, und im alten PVC-Belag, der vor der Neuverlegung im gesamten Gebäude lag, gab es keine Blasen und Beulen oder einen sonstigen Feuchteschaden. Die nachträglich durchfeuchteten Stellen durch das Kühlwasser waren zum Zeitpunkt der Bodenbelagsarbeiten nicht mehr feststellbar, der alte Anhydritestrich und die Rundlochdeckenplatten hatten dieses Wasser begierig aufgesogen und keine Spuren hinterlassen.

Hier hatte eindeutig die Bauleitung versagt. Der Bauleitung hätte im Rahmen ihrer Kontrollpflicht diesen Missstand des Eindringens von Kühlwasser in den Fußboden und die Decke erkennen und abstellen lassen müssen. Das hatte der eingeschaltete Sachverständige unmissverständlich zum Ausdruck gebracht.

Die Kosten für die Schadensbeseitigung gingen zulasten der Bauleitung. Die Bodenlegerfirma war bei den Aufwendungen für die Schadensbeseitigung der Bauleitung kulant entgegengekommen.

29. Eine Sperrschicht hätte den Belagsschaden verhindert

Wenn die alten Bodenbeläge bzw. das alte Parkett vom Untergrund entfernt werden, bleiben zwangsläufig immer Restklebstoffe und Restspachtelmassen auf dem Untergrund zurück. Alte Klebstoffschichten sind neben der Tragfähigkeit und Spachtelmassenresten ein Hauptproblem bei den Altuntergründen. Mit der heute zur Verfügung stehenden Technik können alte Klebstoffschichten und Restspachtelmassen restlos entfernt werden. Die Kehrseite dieser Medaille ist die Festigkeit der Altestriche. Als Ergebnis des mechanischen Beseitigens der alten Kleber und Spachtelmassen können die Altestriche in der oberen Estrichrandzone labil, ja sogar über den gesamten Estrichquerschnitt zerstört werden.

Lassen sich die alten Kleber und Spachtelmassen nicht vollständig entfernen, müssen unbedingt folgende Hinweise beachtet werden:

- Oberbeläge dürfen nicht mit einem neuen Klebstoff auf alte Klebstoffreste geklebt werden. Die Folgen sind in der Regel dann
  - Geruchsbelästigungen,
  - Ausdünstungen,
  - durch Wassereinschluss auftretende Blasen und Beulen sowie
  - keine dauerhafte Stuhlrolleneignung.
- Alte Klebstoff- und Spachtelmassenschichten sowie labile Estrichrandzonen, die nicht fest mit dem Untergrund verbunden sind, müssen unbedingt mechanisch entfernt werden.
- Alte Klebstoffe müssen gründlich angeschliffen und abgesaugt werden, nur dann können die für diese Art der Verlegung geeigneten Grundierungen und Spachtelmassen ausreichend fest darauf haften.
- Je dünner die alten Klebstoffschichten sind, umso sicherer ist der Systemaufbau. Dickere Klebstoffschichten vergrößern das Restrisiko beim Überspachteln, besonders beim Überspachteln mit zementären Spachtelmassen.

- Um einen saugfähigen Untergrund für die Neuverlegung zu erzielen sowie Blasen- und Beulenbildung zu verhindern, müssen die Altkleber mindestens 2 mm dick überspachtelt werden. Die Spachteldicke darf jedoch 5 mm nicht überschreiten. Ansonsten kann es aufgrund der Trockungsspannungen aus der Spachtelmasse zu Ablösungen in der „Schwachstelle“ alter Klebstoff kommen.

- Größtmögliche Sicherheit bietet die Entkopplung des Altuntergrundes mit dem Altkleber vom Neubelag (und hier besonders bei Parkett) durch den Einbau geeigneter Entkopplungsbahnen oder Entkopplungsschichten.

- Wenn der Fußboden besonderen Beanspruchungen ausgesetzt wird, wie beispielsweise durch Gabelstapler oder Gabelhubwagen, sind grundsätzlich die Altkleber zu entfernen. Mehr als Stuhlrollenbelastung, wie beispielsweise in Büros üblich, hält ein Systemaufbau auf Altkleberresten dauerhaft nicht aus.

Schadensbild

Im Rahmen der Sanierung eines alten Hotels waren Teppichböden verlegt worden. Bereits nach zwei Monaten begannen sich gelb-braune Verfärbungen in den Teppichböden abzuzeichnen. Außerdem kam es in zahlreichen Hotelzimmern zu unangenehmen Geruchsbelästigungen. Diese beiden Mängel hat der Bauherr reklamiert. Da sich der Bodenleger keiner Schuld bewusst war, kam es zum Rechtsstreit, der von einem Gutachter geklärt werden musste.

Schadensursache

Auf dem alten Anhydritestrich befanden sich nach dem Entfernen des Altbelages intensive Sulfitablaugekleberreste. Da der Anhydritestrich sehr planeben war, hat der Bodenleger den Untergrund nur angeschliffen und mit einem Industriesauger abgesaugt. Die Sulfitablaugekleberreste wurden durch das Anschleifen auf der Estrichoberfläche in erster Linie verteilt und verschmiert, also nicht beseitigt wie eigentlich beabsichtigt. Auf den so vorbereiteten Untergrund wurden ohne Grundierung und Spachtelung die neuen Teppichböden mit einem Dispersionskleber geklebt. Teppichböden werden in Hotels in der Regel intensiv nassgereinigt. Das war in diesem Hotel auch der Fall. Da der Sulfitablaugekleber weder durch eine Grundierung noch durch eine Spachtelung abgesperrt worden war, konnte das Reinigungswasser aus den Reinigungsmaschinen den wasserlöslichen Sulfitablaugekleber unter dem Teppichboden anlösen und durch die Saugwirkung der Reinigungsmaschinen in die Teppichböden nach oben ziehen. Die gelb-braunen Verfärbungen in den Teppichböden waren der angelöste Sulfitablaugekleber, der durch die Reinigungsmaschinen in den Teppichboden eingesaugt worden war. Auch die Gerüche waren auf den Sulfitablaugekleber zurückzuführen.

Sulfitablaugekleber müssen unbedingt abgesperrt werden.

Schadensbeseitigung

Bei einem solchen Schaden müssten alle Teppichböden entfernt werden. Anschließend wäre der Anhydritestrich abzuschleifen und durch den Auftrag einer Reaktionsharzgrundierung abzusperren. Anschließend ist mit einer Spachtelmasse zu spachteln, und die neuen Teppichböden sind zu verkleben. Eine sehr teure Angelegenheit also, denn der Schaden betraf das gesamte Hotel.

Juristische Betrachtung

Das zuständige Landgericht sah eindeutig den Bodenleger als Verursacher des Schadens. Er hatte falsch gearbeitet. Die Schadenssumme hätte der Bodenleger nicht stemmen können. Der Bodenleger hatte aber Glück mit seiner Reklamation. Das Hotel sollte in 1½ Jahren abgerissen und durch einen Neubau ersetzt werden.

Deshalb verzichtete der Hotelinhaber auf die Beseitigung dieses Schadens, der Aufwand war ihm zu groß. Es gab eine kulante Lösung. Bodenleger und Hotelinhaber trafen eine interne Einigung, um die Bodenlegerfirma zu retten.

Sulfitablaugekleber befinden sich nur auf Altuntergründen.

30. Rutschhemmende Verlegung von SL-Teppichfliesen funktioniert nicht

Alternativ zur vollflächigen festen Verklebung und zur Fixierung gibt es die sogenannte „rutschhemmende Verlegung“. Bei der rutschhemmenden Verlegung werden geeignete Teppichfliesen mit einem speziellen „Rutschhemmer“ so auf den Untergrund verlegt, dass die Teppichfliesen jederzeit leicht vom Untergrund entfernt werden können. Der „Rutschhemmer“ bildet auf dem verlegereifen Untergrund einen stumpfen Klebefilm aus, der ein seitliches Verschieben der Teppichfliesen verhindert. Der verlegereife Untergrund bleibt vollständig erhalten, ist aber nach dem Entfernen der Teppichfliesen mit dem „Rutschhemmer“ verschmutzt. Je nach Rückenkonstruktion der Teppichfliesen kann der Belagsrücken bei der Wiederaufnahme beschädigt werden, und es können Rückstände auf dem Untergrund zurückbleiben. Die Teppichfliesen mit verdichtetem Filzrücken, textiler Rückseite, vlieskaschierter Schwerbeschichtung (Bitumen, Polyolefin) oder glattem Rücken (PVC-Schwerbeschichtung) werden in erster Linie auf Doppelbodenkonstruktionen mit einem Rutschhemmer verlegt. Diese Teppichfliesen werden auch als SL-Teppichfliesen (selbst liegend) bezeichnet. Bei der Verlegung der SL-Teppichfliesen auf Doppelböden mit einem Rutschhemmer sind die Fugen zwischen den Platten des Doppelbodens so abzukleben, dass kein Rutschhemmer in die Fugen läuft. Gelangt der Rutschhemmer in die Fugen zwischen den Platten, kommt es früher oder später zu unangenehmen Quietschgeräuschen. Die Ursache für diese Quietschgeräusche ist die Tatsache, dass der Rutschhemmer nicht durchhärtet, sondern immer weich bleibt. Durch das Befahren oder Belaufen des Doppelbodens reibt sich der Rutschhemmer an den Flanken der Platten und erzeugt so diese Geräusche. Die Fugen brauchen nicht abgeklebt zu werden, wenn man den Rutschhemmer so aufträgt, dass kein Rutschhemmer in die Fugen läuft.

Schadensbild

In zwei größeren Räumen wurden auf einen Doppelboden selbstliegende Teppichfliesen rutschhemmend verlegt. Der Bauherr wollte nach geraumer Zeit den Doppelboden an zwei Stellen öffnen, um nachträglich Elektrokabel im Doppelboden zu verlegen. Dazu mussten an den betreffenden Stellen die Teppichfliesen aufgenommen werden. Der Bodenleger hatte ihm versprochen, dass sich die Teppichfliesen durch die rutschhemmende Verlegung sehr leicht und ohne Probleme vom Doppelboden entfernen ließen und die aufgenommenen Teppichfliesen sich nach dem Schließen des Doppelbodens wieder mit einer rutschhemmenden Fixierung verlegen ließen. Das funktionierte jedoch nicht. Die Teppichfliesen konnten nur mit großer Mühe mit einer Reißklaue vom Doppelboden entfernt werden. Außerdem waren anschließend die Teppichfliesen unbrauchbar und mussten entsorgt werden. Der Bodenleger wollte hier den Verlegewerkstoffhersteller in die Pflicht nehmen, und es kam zu einem Rechtsstreit, der im Rahmen eines Schiedsgutachtens ausgetragen wurde.

Schadensursache

Bei Fixierungen und sogenannten Antirutsch-Systemen werden die Teppichfliesen sehr oft ins nasse, viel zu dick aufgetragene Klebstoffbett eingelegt und nicht selten auch noch angewalzt. Dadurch entsteht die eigentlich ungewollte feste Verbindung des Belages zum Untergrund. Die Teppichfliesen lassen sich beim Entfernen nur schwer aufnehmen, obwohl man ja eigentlich genau das Gegenteil erreichen möchte. Antirutsch-Systeme dürfen nur sehr dünn aufgetragen werden, am besten ist eine Schaumstoffrolle geeignet. Vor dem Einlegen des Belages ist der Kleber ausreichend lange abzulüften, bis die Kleberfarbe von weiß auf farblos/transparent umschlägt.

Schadensbeseitigung

Die Teppichfliesen und der Klebstoff mussten vollständig entfernt werden. Anschließend wurden neue Teppichfliesen fachgerecht rutschhemmend fixiert.

Juristische Betrachtung

Der Sachverständige hat den Bodenleger für diesen Schaden verantwortlich gemacht. Der Bodenleger hatte noch nie SL-Fliesen verlegt. Der Lernprozess war für den Bodenleger mit einem erheblichen Kostenaufwand verbunden.

Auf diesen Doppelböden werden in der Regel selbstliegende Teppichfliesen verlegt.

Die unter dem Doppelboden verlegten Leitungen müssen jederzeit erreichbar sein.

31. Hauptstreitpunkt bei Fixierungen im Wohnbereich

Mieter fixieren im Wohnbereich auf einen vorhandenen elastischen Belag häufig einen neuen Teppichboden. Die Fixierung erfolgt meistens mit einer wasserlösbaren Haftdispersion oder einem Trockenkleber in Form einer Haftfolie oder eines Gewebebandes. Diese Fixierung muss in der Regel 5 bis 10 Jahre halten, je nach Qualität des Teppichbodens.

Im Sinne der Erläuterungen zur DIN 18365 Bodenbelagsarbeiten [3] stellt das Fixieren von Bodenbelägen, aber auch das Kletten, Tackern oder mechanische Befestigen von Bodenbelägen keine fach- und sachgerechte Klebung dar. Deshalb ist zwischen Bauherrn/Auftraggeber und Bodenleger die jeweilige Verlegemethode zu vereinbaren. Eine Fixierung sollte grundsätzlich den Anspruch erfüllen, dass ein fixierter Bodenbelag ohne größeren Aufwand wieder leicht vom Untergrund entfernbar ist. Weiterhin sollte eine Fixierung den Anspruch erfüllen, dass nach dem Entfernen des Bodenbelags der Untergrund nicht beschädigt ist. So weit die Theorie. In der Praxis geht es bei der Diskussion mit dem Bauherrn beim Thema Fixierung vor allem um zwei Punkte. Man muss dem Bauherrn klarmachen, dass eine Fixierung nicht die technischen Anforderungen erfüllen kann, wie sie an einem Klebstoff gestellt werden. Das weitaus größere Problem sind aber die Rückstände der Fixierung, die nach dem Entfernen des Bodenbelages auf dem Untergrund verbleiben. In der Regel sind diese Rückstände immer da und lassen sich mehr oder weniger schwer und aufwendig entfernen. In vielen Fällen lassen sich die Rückstände nicht vollständig entfernen, und/oder der Untergrund wird hier mehr oder weniger intensiv beschädigt, vor allem durch farbliche Veränderungen. Deshalb ist es sinnvoll, den Bauherrn im Vorfeld von irgendwelchen Idealvorstellungen zu befreien. Bei der Fixierung bleibt der Untergrund (weitestgehend) erhalten, ist aber nur wieder für eine erneute Fixierung eines neuen Bodenbelages geeignet.

Schadensbild

In einem Wohnzimmer wurde auf einen vorhandenen PVC-Belag mit einer Nutzschicht von 0,3 mm ein Teppichboden fixiert. Nach 7 Jahren sind die Mieter ausgezogen. Nach dem Entfernen des Teppichbodens waren sehr deutlich Reste der Fixierung als auch farbliche Veränderungen im PVC-Belag sichtbar. Das reklamierte der Vermieter.

Schadensursache und Schadensregulierung

Die Fixierung hatte sich fest in dem CV-Belag verkrallt. Der Vermieter verlangte die Wiederherstellung des alten Zustandes, also des vor 7 Jahren vorhandenen PVC-Belages. Das gelang jedoch nicht, die Reste der Fixierung ließen sich nur zum Teil entfernen und die farblichen Veränderungen ließen sich ebenfalls nicht beseitigen. Daraufhin verlangte der Vermieter eine Neuverlegung des PVC-Belages. Der Mieter war damit nicht einverstanden. Beide Parteien einigten sich schließlich auf die Einschaltung eines Sachverständigen im Rahmen eines Schiedsgutachtens.

Der Sachverständige argumentierte, dass der vorhandene PVC-Belag nur wieder als Untergrund für eine erneute Fixierung eines Oberbelages verwendet werden kann. Das besagt eigentlich auch die Definition der Fixierung von Bodenbelägen. Nach dem Merkblatt „Leitfaden zur Ermittlung von Zeitwerten und Wertminderung von Bodenbelägen" [19] hat ein PVC-Belag mit einer Nutzschicht über 0,25 mm eine Nutzungsdauer von maximal 15 Jahren. Der theoretische Zeitwert liegt demnach nach siebenjähriger Nutzung bei ca. 35 %. Da der Bodenleger nicht mehr greifbar war, hat sich der Mieter mit einem geringen Kostenbeitrag als Kulanzlösung an diesem Schaden beteiligt. Der Vermieter hat den alten PVC-Belag für eine erneute Fixierung für den neuen Mieter freigegeben.

Juristische Betrachtung

Zwischen Vermieter und Bodenleger hätte die Fixierung des Teppichbodens auf dem PVC-Belag schriftlich vereinbart werden müssen. Der Bodenleger hätte in dieser Vereinbarung den Vermieter schriftlich darauf hinweisen müssen, dass es bei dieser Verlegemethode zu bleibenden Fixierrückständen und farblichen Veränderungen im PVC-Belag kommen wird und dass der PVC-Belag dann nur wieder als Untergrund für eine erneute Fixierung verwendet werden kann. Wenn das nicht erfolgt, haftet letztlich der Bodenleger. Da der Bodenleger in diesem konkreten Fall nicht mehr auffindbar war, haben sich Vermieter und Mieter auf eine Kulanzlösung geeinigt.

32. Verfärbung im PVC-Bodenbelag auf einer Holztreppe

Der Vorbereitung des Untergrundes kommt bei der Verlegung von Bodenbelägen eine besondere Bedeutung zu. Nur durch eine fachgerechte Vorbereitung des Untergrundes kann der erforderliche feste Haftverbund zwischen Untergrundoberfläche, Verlegewerkstoffen und Bodenbelägen gewährleistet werden. Grundsätzlich müssen alle Trennschichten (alte Pflegemittel) vom Untergrund entfernt werden. Werden diese Mittel nicht restlos entfernt, liegen sie als Trennmittel auf der Untergrundoberfläche und verhindern so die erforderliche Haftung der Verlegewerkstoffe und Oberbeläge am Untergrund. Außerdem können sie zu Verfärbungen in den Oberbelägen und zu Geruchsbelästigungen führen.

Schadensbild

Auf eine alte, stark gebohnerte Holztreppe wurde ein neuer PVC-Belag direkt auf die Treppenstufen ohne Grundierung und Spachtelung geklebt. Nach ca. vier Monaten verfärbte sich der PVC-Belag braun-gelblich. Diese Verfärbung hat der Bauherr reklamiert. Es kam zu einem Rechtsstreit zwischen dem Bauherrn und dem Bodenleger. Der Bodenleger war der Meinung, die Verfärbung sei nicht auf seine Arbeit zurückzuführen, und er habe damit nichts zu tun.

Schadensursache

Der Bodenleger hatte den Untergrund Holztreppe sehr oberflächlich behandelt. Nach dem Entfernen des verfärbten PVC-Belages waren noch deutlich sichtbar intensive Bohnerwachsspuren auf den Treppenstufen zu erkennen. Das Bohnerwachs war durch den Klebstoff im PVC-Belag migriert und hatte dadurch die Verfärbung verursacht. Das Bohnerwachs hätte vollständig entfernt werden müssen.

Schadensbeseitigung

Der verfärbte PVC-Belag wurde vollständig ausgebaut. Das Bohnerwachs wurde ebenfalls vollständig mechanisch entfernt. Sicherheitshalber wurde dann mit einer Reaktionsharzgrundierung grundiert, zementär gespachtelt und ein neuer PVC-Belag geklebt.

Juristische Betrachtung

Der Sachverständige machte den Bodenleger für diesen Schaden verantwortlich. Er betonte ausdrücklich, dass der Bodenleger für eine fachgerechte Vorbereitung des Untergrundes zu sorgen habe. Die Kosten hierfür hatte der Bodenleger offensichtlich nicht in der erforderlichen Größenordnung eingeplant.

Bei gewachsten und gestrichenen Holztreppen muss der Untergrund fachgerecht vorbehandelt werden.

Eine gespachtelte Holztreppe ist häufig zwingend notwendig.

Eine perfekt sanierte Holztreppe.

33. Geschlossener Kindergarten aufgrund von Geruchsbelästigung

Geruchsreklamationen sind immer problematisch, weil jeder Mensch Gerüche anders wahrnimmt und beurteilt. Jede Geruchswahrnehmung ist subjektiv und individuell verschieden. Die Ursachenfindung ist stark erschwert, weil Gerüche messtechnisch schlecht zu erfassen sind. Es kann aber davon ausgegangen werden, dass Verlegewerkstoffe und Bodenbeläge heutzutage einen höheren Standard und deshalb weniger Emissions- und Geruchsverhalten aufweisen, als das früher der Fall war.

Dass flüchtige organische Substanzen (VOC) und Gerüche, die aus Bauprodukten ausgasen, der Gesundheit und dem Wohlbefinden der Raumnutzer schaden, ist unbestritten. Eine gesunde Innenraumluft ist besonders wichtig. Für den Menschen als unbedenklich gelten Innenräume, in denen der Gehalt an flüchtigen organischen Stoffen (total volatile organic compound, TVOC) in der Summe unter 200 bis 300 Mikrogramm/m^3 liegt. Werte bis etwa 1.000 Mikrogramm/m^3 gelten noch als akzeptabel.

Zur Feststellung und Bewertung von Gerüchen hat der Sachverständige mehrere Möglichkeiten mit unterschiedlicher Aussagekraft:

- Geruchsprüfung durch den speziellen Sachverständigen.
- Geruchsprüfung mit Probanden nach der Schweizer Norm SNV 195 651 Textilien; Bestimmung der Geruchsentwicklung von Ausrüstungen (Sinnenprüfung).
- Messungen der Innenraumluft und Auswertung im Labor.
- Emissionskammerprüfungen mit einer oder mehreren Materialproben. Seit März 2012 steht mit der Norm ISO 16000-28 „Innenraumluftverunreinigungen: Bestimmung der Geruchsemissionen aus Bauprodukten mit einer Emissionskammer“ ein Messverfahren zur Verfügung. In dieser Norm wird die Messung von Gerüchen aus Bauprodukten in Prüfkammern parallel zu den Messungen der flüchtigen organischen Verbindungen (VOC) beschrieben.

In einem Kindergarten kam es ca. ein Jahr nach Fertigstellung der Estrich- und Bodenbelagsarbeiten im Rahmen einer Sanierungsmaßnahme zu erheblichen Geruchsbelästigungen. Die Eltern hatten berechtigterweise die Befürchtung, dass diese unangenehmen Gerüche auch gesundheitliche Beeinträchtigungen bei ihren Kindern verursachen könnten. Der Betreiber des Kindergartens ließ vorerst ein Privatgutachten anfertigen, um die Schadensursache festzustellen. Zwischen den beteiligten Parteien kam es zu Streitigkeiten über die Schadensursache und die Verantwortlichkeit für diesen Schaden. Deshalb kam dieser Schaden vor Gericht. Der Kindergarten wurde so lange geschlossen, bis der Schaden endgültig beseitigt war.

Schadensbild

Der vom Gericht beauftragte Sachverständige sowie der Vertreter eines Umweltlaboratoriums stellten im Ortstermin beim Betreten der Räume auf allen drei Geschossen muffige, zum Teil stechende Gerüche fest. Die CV-Bodenbeläge lagen in optisch ansprechender Form vor. Sie waren handwerklich sauber verlegt und fachlich korrekt verschweißt worden. Im Bodenbelag waren augenscheinlich keine Blasenbildungen vorhanden.

Schadensursache

Dem Bauherrn dauerte die Trocknungszeit des neu eingebauten Zementestrichs zu lange, er wollte den Kindergarten so schnell wie möglich wieder nutzen. Deshalb wurde der Bodenleger beauftragt, folgenden Systemaufbau auf dem Zementestrich zu realisieren:

- Grundieren mittels Reaktionsharzgrundierung mit einer Feuchtesperrwirkung.
- Zementäre Spachtelung.
- Kleben des CV-Bodenbelages mit Vliesrücken mit einem Dispersionskleber.

Zur Kontrolle des Estrichs wurden mit einem Bohrgerät mit diamantbestückter Hohlkrone und Absaugung fünf Bohrkerne entnommen. Dabei wurde festgestellt, dass als Untergrund für die Belagsverlegung neue Zementestriche auf Trennlage und als schwimmender Estrich eingebaut waren. Die Estrichstärke lag bei ca. 50 mm.

In einer Materialprüfanstalt wurden an den Bohrkernen Untersuchungen unter dem Mikroskop beauftragt, um die Schichtdicken der Reaktionsharzgrundierung auf dem Estrich zu bestimmen. Hier zeigten sich gravierende Fehler beim Absperren der im Estrich vorhandenen Restfeuchte. Die eingesetzte Epoxidharzgrundierung hätte nach Herstellerangaben für den Einsatz als Feuchtesperre im zweischichtigen Auftrag im Kreuzgang erfolgen müssen. Bei zweimaligem Auftrag muss mit einem Materialverbrauch von ca. 600 g/m^2 gerechnet werden. Daraus ergibt sich unter Beachtung der Materialdichte von 1,1 kg/l für das Harz und 1,0 kg/l für den Härter eine rechnerische Schichtdicke von etwa 0,5 mm bis 0,55 mm. Die mikroskopischen Untersuchungen in der Materialprüfanstalt ergaben aber nur Schichtdicken der Reaktionsharzgrundierung von 0,04 mm bis 0,2 mm. Die Grundierung wurde generell in zu geringer Dicke und auch nur einschichtig ausgeführt. Der erforderliche Minimalwert von 0,5 mm wurde an allen fünf Bohrkernen nicht annähernd erreicht. Der beauftragte Schutz von Spachtelmasse, Klebstoff und Bodenbelag vor der Restfeuchte aus dem Estrich war mit diesen minimalen Schichtdicken nicht zu sichern. Zusammenfassend kann man sagen, dass die Sperrmaßnahmen gegen die zu hohe Restfeuchte im Zementestrich zum Zeitpunkt der Bodenbelagsarbeiten nicht fachgerecht erfolgten. Das war schadensursächlich.

Die im Zementestrich vorhandene Feuchte ist alkalisch. Alkalische Feuchte greift die für die Belagsverlegung verwendeten Dispersionsklebstoffe an. Es kommt zu Verseifungserscheinungen, ohne dass – wie im Kindergarten feststellbar – die Klebewirkung gravierend beeinträchtigt wird. Durch das Vlies an der Unterseite des Belages kam es nicht zu Blasenbildungen, was sonst besonders bei homogenen PVC-Belägen in schöner Regelmäßigkeit ein sicherer Indikator für Feuchtigkeit ist. Allerdings führte die alkalische Feuchte aus dem Zementestrich zur Beeinflussung des Dispersionsklebers mit dem Ergebnis, dass 2-Ethyl-1-Hexanol in größerem Umfang freigesetzt wurde. Der Richtwert für 2-Ethyl-1-Hexanol liegt bei 12 Mikrogramm pro Kubikmeter Raumluft, der Zielwert bei nur 2 Mikrometer pro m^3. Gemessen wurden 92 bis 230 Mikrogramm pro Kubikmeter Raumluft. Die geforderten Werte wurden um ein Vielfaches übertroffen. Fakt war auf jeden Fall: Die länger einwirkende Feuchte hatte zur Freisetzung von erheblichen Mengen an 2-Ethyl-1-Hexanol aus dem Klebstoff geführt, was zu einem intensiv stechenden, sehr unangenehmen Geruch in allen Zimmern führte.

Aber auch der CV-Belag wurde von einem Umweltlaboratorium auf Emissionen geprüft. Zusammenfassend wurde festgestellt, dass als Quelle der Phenol-, Kresol- und Nonanol-Belastung in den untersuchten Räumen der CV-Belag anzusehen war. Die Freisetzung erfolgte durch Spaltung der im Belag eingesetzten Weichmacher und Flammschutzmittel. Begünstigt wurde diese Freisetzung durch zu viel Feuchtigkeit in Verbindung mit dem alkalischen Untergrund.

Schadensbeseitigung

- Die Ergebnisse im Sachverständigengutachten besagten, dass es nicht ausreichend war, nur den Bodenbelag, die Klebstoff- und Spachtelmassenschichten von der Estrichoberfläche zu entfernen, da zumindest ein Teil der Emissionen aus dem feuchten Klebstoff (2-Ethyl-1-Hexanol) und aus dem Belag (Phenol, Kresol und Nonanol-Isomere) in den Estrich eingedrungen waren. Im Sachverständigengutachten wurde deshalb als Sanierung ein kompletter Rückbau der Fußbodenkonstruktion auf allen Flächen mit Estrich auf Trenn- bzw. Dämmschichten mit anschließendem Neuaufbau gefordert. Das Abfräsen des alten Zementestrichs in einer Dicke von 10 mm als alternative Lösung wurde aus zwei Gründen verworfen:

- Die beim kostenintensiven Abfräsen der Estrichoberfläche entstehenden Erschütterungen führen mit an Sicherheit grenzender Wahrscheinlichkeit zu Rissen im Estrich, die anschließend wieder saniert werden müssen.
- Zum Erreichen der ursprünglichen Höhe muss der Estrich „aufgesattelt" werden. Das Aufsatteln ist zwar technisch mit Spachtelmassen möglich, aber ebenfalls kostenintensiv. Außerdem unterscheiden sich die E-Module von Estrich und Spachtelmasse, sodass, trotz gleicher Dicke, durchaus die geplante Bruchkraft nicht erreicht wird.

Nach dem Rückbau der gesamten Fußbodenkonstruktion wurde ein neuer schwimmender Zementestrich eingebaut. Nachdem der Zementestrich die erforderliche Belegereife erreicht hatte, wurde mit einer Dispersionsgrundierung grundiert, zementär gespachtelt und die neuen CV-Beläge wurden mit einem Dispersionskleber geklebt.

Juristische Betrachtung

Die Ursachen für die Raumluftbelastungen waren komplex. Der Hauptverursacher für diesen Schaden war aber eindeutig die länger einwirkende Feuchtebelastung aus dem Zementestrich, die zu Wechselwirkungen mit den Inhaltsstoffen aus dem Dispersionsklebstoff und den CV-Belag geführt hat. Somit lag die Schuld eindeutig beim Bodenleger. Das stellte das Landgericht in der abschließenden Urteilsbegründung fest. Die Einsparung des Bodenlegers durch den nur einmaligen Auftrag der Reaktionssperrgrundierung hat sich nicht ausgezahlt. Im Gegenteil, die vom Bodenleger offensichtlich zu niedrig kalkulierte Kosten für die Bodenbelagsarbeiten, die er durch den einmaligen und zu dünnen Auftrag der Reaktionsharzgrundierung auffangen wollte, hat sich am Ende zu einem sehr kostenintensiven Schaden entwickelt. Der Gesamtschaden lag bei ca. 80.000 Euro.

34. Korrosionsschäden an Heizungsrohren

Die Korrosion verzinkter Eisenwerkstoffe hängt vornehmlich vom Feuchteangebot (Medium) und vom pH-Wert des Mediums ab. Bei der Korrosion von Eisen verbinden sich die Eisenionen mit den OH-Ionen zu $Fe(OH)_2$. Das ist die erste Stufe der Rostbildung. Es folgen einige weitere Reaktionen und die Bildung verschiedenster Rostminerale. In Verbindung mit einer hohen Alkalität des Mediums unterliegt beispielsweise der Zinküberzug auf einem Heizungsrohr einer besonders starken Korrosion, da Zink bei hohen pH-Werten nicht beständig ist. Mit unlegiertem Stahl als Werkstoff für Heizleitungen wählt man ein Material, welches bei Einwirkung von Feuchtigkeit sehr schnell korrodiert. Ein galvanischer und damit sehr dünner Zinküberzug ist damit nicht ausreichend. Die Meinung, man könnte durch eine galvanische Verzinkung Stahlrohre im Fußboden schützen, ist zwar weit verbreitet, aber nicht richtig, wie zahlreiche Schadensbeispiele belegen. Übrigens weisen Hersteller galvanisch verzinkter Stahlrohre darauf hin, dass die Verzinkung nur als Transport- und Lagerschutz zu sehen ist. Trotzdem werden Parkett- und Bodenleger immer wieder mit dieser Problematik konfrontiert, und sie müssen sich nicht selten vor Gericht für Korrosionsschäden verantworten. Hier hat es viele Streitfälle gegeben, die aufgrund von Unklarheiten besonders bei den Auftraggebern und auch bei Rechtsanwälten zu großen Missverständnissen und Ärgernissen geführt haben. Ein Beispiel soll hier aufgezeigt werden, das typisch für diese Problematik ist.

Schadensbild

Grundsätzlich dürfen die Verlegewerkstoffe, vor allem Spachtelmassen, nicht in Kontakt mit allen aufgehenden Bauteilen kommen, dazu gehören auch die Heizungsrohre. Deshalb muss der Parkett- und Bodenleger, bevor er mit seinen Arbeiten beginnt, das Vorhandensein von Randdämmstreifen an allen aufgehenden Bauteilen, auch an den Heizungsrohren, und den Überstand der Randdämmstreifen von ca. 10 mm überprüfen. Wenn die Randdämmstreifen bereits bündig mit Oberkante Estrich abgeschnitten wurden, muss der Bodenleger Bedenken anmelden. Man kann aber jedem Parkett- und Bodenleger nur raten, mit seinen Arbeiten nicht eher zu beginnen, bis die entfernten Randdämmstreifen wieder erneuert wurden. Wenn die Randdämmstreifen abgeschnitten wurden, wird zwangsläufig die Spachtelmasse in die Randbereiche aller aufgehenden Bauteile laufen, da kann sich der Parkett- und Bodenleger noch so viel Mühe geben. Und genau das ist auch bei einem größeren Klinikneubau passiert. Die Spachtelmasse ist zwischen Isolierummantelung und Heizungsrohr gelaufen. Innerhalb weniger Monate nach den Parkett- und Bodenbelagsarbeiten war folgender Schaden an den Heizungsrohren entstanden: Die Rohre waren korrodiert, es zeigte sich Krustenbildung mit Lochfrass, bevorzugt an Rohrwinkeln oder gebogenen Rohrteilen nahe den Austrittsstellen aus dem Fußboden. Wasser aus den Heizungsrohren war an einigen kritischen Stellen ausgetreten und hatte die Stahlbetondecke, die Dämmung und den Zementestrich durchfeuchtet.

Schadensursache

Ein Sachverständiger wurde zur Ursachenklärung eingeschaltet. Er öffnete einige kritische Bereiche und stellte fest, dass in einem Teil dieser Bereiche die Heizungsrohre mit mineralischer Spachtelmasse ummantelt waren. Allerdings gab es auch verrostete Stellen, die nicht mit Spachtelmasse ummantelt waren. Trotzdem stand für den Bauherrn die Ursache fest, Verursacher für diesen Schaden war die Spachtelmasse, die an den Heizungsrohren haftete.

Der Sachverständige gab sich mit dieser Vermutung nicht zufrieden und führte eine umfangreiche Untersuchung durch, beispielsweise mit einem Rasterelektronenmikroskop vom Typ DSM 960/Zeiss. Er stellte fest, dass der galvanische Zinküberzug 7 bis 11 Micrometer betrug. Gelangt Feuchtigkeit über längere Zeiträume zwischen Rohr und Isolierung, kann ein solch dünner Zinküberzug keinen ausreichenden Korrosionsschutz gewährleisten, da sich an der Oberfläche des Zinküberzuges keine schützenden Zinkcarbonatschichten bilden können. Die Anwesenheit von Feuchtigkeit bewirkt, dass Zink in Lösung geht und nach kurzer Zeit aufgebraucht ist. Die Korrosion am Stahlrohr beginnt, was zu Rosterscheinungen bzw. sogar zu Durchbrüchen führt. Der Fortlauf der Korrosion wird bekanntlich durch das Angebot von Feuchtigkeit bestimmt. Durch die das Rohr ummantelnde Dämmung kann die Feuchtigkeit nur langsam oder gar nicht wegtrocknen. Das wirkt korrosionsbegünstigend, hindert das System am Austrocknen und begünstigt Kondenswasserbildung. Die hohen Temperaturen der Heizleitungen sollten eigentlich den Austrocknungsprozess beschleunigen. Bleibt jedoch Feuchtigkeit eingeschlossen, können hier temperaturbedingt erhöhte Korrosionsgeschwindigkeiten auftreten. Folgende Schadensursachen kommen somit infrage:

- Es wurde fehlerhaftes Rohrmaterial eingebaut, das keinen ausreichenden Korrosionsschutz besitzt.

- Undichte Klemmverbindungen und Dämmhülsen, die auf Verarbeitungsfehler des Heizungsbauers zurückzuführen sind.

- Feuchtezutritt während der Bauphase. Durch schlechte Lüftung kann sich Kondenswasser bilden, und der Fortlauf der Korrosion wird durch das Angebot von Feuchtigkeit und Sauerstoff bestimmt.

- Feuchtigkeit aus Fußbodenaufbau, Estrich oder Schüttung - Überschuss-wasser, hohe Chlorid- und Sulfatgehalte, hohe elektrische Leitfähigkeit.

- Korrosiv wirkendes Reinigungswasser aus Küche und Bad während der Nutzung.

- Innenkorrosion (Sauerstoffzutritt beispielsweise durch offene Ausgleichsgefäße).

Der Sachverständige stellte fest, dass die chemische Zusammensetzung der Spachtelmasse keine korrosionsauslösende Wirkung auf die Heizungsrohre ausübte. Die wässrige Aufschlämmung der Spachtelmasse ergab einen pH-Wert von 11,4. Die Spachtelmasse stellt somit im Anmachzustand eine alkalische Lösung dar. Die chemische Analyse der Spachtelmasse auf korrosionsauslösende Bestandteile wie Chloride, Sulfate und Nitrate ergab, dass aufgrund der geringen Nitrat- und Chloridgehalte von diesen Bestandteilen keine korrosive Wirkung ausgeht. Die gleiche Beurteilung gilt auch für den relativ hohen Sulfatgehalt von 11,7 Masse-%, bezogen auf glühverlustfreies Lösliches in der Spachtelmasse. Nach Literaturangaben wirken Sulfate in chloridfreien alkalischen Lösungen auf Stahl nicht korrosiv.

Schadensbeseitigung

Alle nicht geeigneten Heizungsrohre mussten ausgebaut und durch Heizungsrohre mit dem erforderlichen Korrosionsschutz ersetzt werden. Ein erheblicher Arbeits- und Kostenaufwand, der in der juristischen Betrachtung kurz beschrieben wird. Durch konstruktive Maßnahmen, wie Dichtmanschetten, wurde der Kontakt zu korrosionsfördernden Medien verhindert. Alternative Werkstoffe sind übrigens Kunststoffverbundrohre mit Metallfittings, Kupferrohre oder Rohrsysteme aus hochlegiertem Stahl.

Juristische und abschließende technische Betrachtung

Wie aufgezeigt, kann es aus den verschiedensten Gründen zu einem Wasserzutritt kommen. Deshalb handelt es sich hier in erster Linie um einen Planungsfehler, denn die galvanische Verzinkung bietet nur einen Transport- und Lagerschutz und keinen langanhaltenden Korrosionsschutz. Die Dämmhülsen verschlimmern das Problem, da eingedrungene Feuchtigkeit eingeschlossen wird und nicht wegtrocknen kann.

Hier war also eindeutig der Planer gefordert. Der Planer hätte geeignetes Rohrmaterial ausschreiben müssen, das den Belastungen durch korrosive Einflüsse standhält. Der Planer hätte weiterhin durch konstruktive Maßnahmen dafür sorgen müssen, dass der Kontakt zu korrosionsfördernden Medien verhindert wird. Das sah das Gericht auch so.

Aber auch der Heizungsbauer kam nicht ungeschoren davon. Der Heizungsbauer hätte als Fachfirma das fehlerhafte Planen erkennen müssen. Baut der Heizungsbauer beispielsweise aus Kostengründen eigenmächtig nur galvanisch verzinktes Stahlrohr ein, muss er diese Reklamation übrigens allein verantworten.

Diese hier aufgezeigten Fakten sind jedoch kein Freibrief für den Bodenleger. Der Bodenleger setzt sich dem Vorwurf des fahrlässigen Handelns aus, wenn er feststellt, dass Spachtelmasse zwischen Isolierummantelung und Heizungsrohr laufen kann. Hier könnte das Gericht den Bodenleger mit in Haftung nehmen. Wenn Spachtelmasse zwischen Isolierummantelung und Heizungsrohr läuft, wird der Trittschallschutz beeinträchtigt. Diese Tatsache haben Gerichte in anderen Fällen zum Anlass genommen, den Bodenleger aufzufordern, die Spachtelmasse zwischen Isolierummantelung und Heizungsrohr zu entfernen. Das würde beispielsweise folgende Vorgehensweise bedeuten: Der Bodenbelag, die Verlegewerkstoffe, der Estrich, die Isolierummantelung und die eingedrungene Spachtelmasse müssten in den betroffenen Bereichen entfernt werden. Die korrodierten Rohre müssten ausgebaut und durch neue, geeignete Rohre ersetzt werden. Anschließend sind die so entstandenen Fehlstellen fachgerecht wieder zu schließen und ein neuer Bodenbelag zu verlegen – ein enormer Aufwand, der mit hohen Kosten verbunden ist. In dieser Vorgehensweise liegt allerdings die große Chance für den Bodenleger. Da die verrosteten Rohre sowieso erneuert werden müssen, ist es volkswirtschaftlich nicht vertretbar, ein separates Entfernen der Spachtelmasse zu verlangen. Im Zuge der Erneuerung der verrosteten Heizungsrohre wird die eingedrungene Spachtelmasse mit entfernt. Der Rechtsanwalt spricht in einem solchen Fall von den sogenannten „Sowieso-Leistungen“ bzw. „Sowieso-Kosten“.

Zusätzlich gilt es zu berücksichtigen, dass es mit sehr geringem Kostenaufwand möglich ist, den Austritt des Heizungsvorlaufs und des Heizungsrücklaufs aus dem Estrich zu verhindern. Die Heizungsindustrie bietet vorgefertigte Montagesätze an, die in die Wand eingelassen werden und dort auf dem Fußboden der Vor- und Rücklauf angeschlossen werden. Im Anschluss daran kommt der Vor- und Rücklauf aus der Wand heraus. Das spart Reinigungskosten bei der täglichen Bodenbelagsunterhaltung und führt auch dazu, dass die Spachtelmasse mit dem Vor- und Rücklauf nicht in Kontakt kommt.

Im gebogenen Bereich war die Korrosion besonders intensiv.

Durch die entfernte Isolierung konnte die Spachtelmasse zwischen Isolierummantelung und Heizungsrohr laufen.

Im Estrich freigelegte korrodierte Heizungsrohre.

35. Sockelleisten lösen sich vom Putzuntergrund

Wenn sich Sockelleisten vom Putzuntergrund lösen, ist diese Reklamation besonders ärgerlich. Alle Möbel müssen von den Wänden entfernt und häufig der Putzuntergrund neu aufbereitet werden. Gründe für diesen Mangel sind in erster Linie feuchte Wände, aber auch Probleme mit der Qualität der Sockelleisten und/oder die falsche Befestigung der Sockelleisten. Bei den beiden letztgenannten Möglichkeiten finden dann die Streitigkeiten zwischen dem Hersteller der Sockelleisten und dem Verarbeiter statt. Wenn die Wände zu feucht sind, lässt sich sehr schnell der Parkett- oder Bodenleger als Schuldiger feststellen, so möchte man meinen.

Aus bautechnischer Sicht sind hier aber folgende Fragen offen, da es hierfür keine verbindlichen Richtlinien, Vorgaben oder Merkblätter für die Bewertung der Belegereife von Wanduntergründen gibt:

- Wie ist der Feuchtegehalt dieser Untergründe zu ermitteln?
- Welchen Feuchtegehalt müssen die verschiedenen mineralische Wanduntergründe besitzen, um die erforderliche Belegereife zu gewährleisten?

Die Parkett- und Bodenleger messen in der Regel die Wandfeuchten mit Messgeräten, die nach dem elektrischen Widerstandsmessverfahren funktionieren.

Laborspezifische Analyseverfahren bieten gemeinsam mit Darr-Prüfungen bei der Feststellung der Wandfeuchte zwar die größte Sicherheit, kommen aber nur in ganz speziellen Sonderverfahren zur Anwendung, wenn es beispielsweise um Streitigkeiten mit hohem Streitwert geht.

Bei den in Deutschland üblichen Innenputzen kann man davon ausgehen, dass ca. 95 % aller Neuputze aus Maschinengipsputz bestehen. Auf diesen Neuputzen können in der Regel ca. vier bis sechs Wochen nach der Ausführung der Putzarbeiten die Tapezierarbeiten ausgeführt und die Sockelleisten angebracht werden.

Nach den Erfahrungen eines namhaften Herstellers des Maschinengipsputzes sind bei Feuchtigkeitswerten des Gipsputzes von unter 1 Masse-% keine Schäden beim Anbringen der Sockelleisten zu erwarten. Dieser Wert hat jedoch keinen allgemein verbindlichen Charakter. Nach den Angaben dieses Herstellers können die Feuchtewerte der Gipsputze auch mit dem CM-Gerät ermittelt werden, in gleicher Weise wie die Messungen mit dem CM-Gerät bei Calciumsulfatestrichen.

Schadensbild

In einem größeren Büroneubau waren die Wände mit einem Maschinengipsputz verputzt. Der Bodenleger klebte an den Wandputz kunststoffummantelte Fußbodenleisten. Nach ca. einem Monat lösten und verformten sich die ersten Sockelleisten, bis schließlich fast alle Sockelleisten von den Wänden abfielen. Der Bodenleger hatte nicht die Wandfeuchte vor der Ausführung der Klebung der Sockelleisten gemessen. Der Bodenleger war der Meinung, dass er nur den Boden und nicht auch die Wände auf Restfeuchtigkeit überprüfen müsse. Der Bodenleger lehnte deshalb die erneute Montage der Sockelleisten auf seine Kosten ab. Es kam zum Rechtsstreit.

Schadensursache/Schadensbeseitigung

Die Wand war für die Verlegung der Sockelleisten eindeutig zu feucht. Der Kleber verlor seine Klebkraft, und die Sockelleisten fingen an zu quellen, es kam zur Ablösung der Fußbodenleisten. Der Bodenleger entfernte den Restklebstoff am Putz und ließ die Wände trocknen. Er musste aufgrund des Urteils vom OLG die Sockelleisten erneut auf seine Kosten montieren.

Juristische Betrachtung

Der Bodenleger wurde durch das OLG zur Mängelbeseitigung aufgefordert, obwohl der Auftragnehmer unter Hinweis auf die DIN 18365 einwand, dass er nur den Boden und nicht auch die Wände auf Restfeuchtigkeit überprüfen müsse.

Das OLG begründet das Urteil vom 8. Februar 2006 - 11 U 93/04 wie folgt: *„Der Auftragnehmer haftet, weil er die ihm obliegenden Prüf- und Hinweispflichten aus § 4 Nr. 3 VOB/B verletzt hat. Richtig ist zwar, dass die DIN 18365 in Abschnitt 3.1.1 eine Prüfpflicht hinsichtlich der Wandflächen nicht ausdrücklich vorsieht. Der Umfang der Prüfpflicht wird durch die DIN aber nicht abschließend, sondern nur beispielhaft umschrieben. Für alle Faktoren, die sich unmittelbar auf die Qualität der Werkleistung auswirken können, obliegt dem Werkunternehmer in vollem Umfang die Prüfpflicht."*

35. Sockelleisten lösen sich vom Putzuntergrund

Messung der Wandfeuchte mittels elektrischen Widerstandverfahrens.

Fachgerecht eingebaute Sockelleisten.

36. Handwerkerplanung kann zur Haftungsfalle werden!

Planungsleistungen werden in erster Linie von Planern bzw. von Architekten ausgeführt. In der Fußbodenbranche jedoch werden besonders in der Sanierung und Renovierung die Parkett- und Bodenleger als Planer aktiv. In der Regel übernehmen sie eine Doppelrolle, einerseits als Planer und andererseits als Ausführender. Deshalb ist es hier besonders wichtig, dass die Parkett- und Bodenleger wissen, auf was sie sich bei der Planung einlassen. Wofür müssen Planer bzw. Architekten einstehen, wenn sie Planungsleistungen ausführen und dabei Fehler machen? Bauherren möchten nicht selten Planungskosten einsparen und lassen den Parkett- und Bodenleger entscheiden, wie er besonders bei Altuntergründen vorgehen will. Hier liegt dann die alleinige Verantwortung beim Parkett- und Bodenleger.

Im Kommentar zur DIN 18365 „Bodenbelagsarbeiten“ (Stand Januar 2017, [3]) heißt es deshalb auf Seite 10: *„Um einen Altuntergrund richtig zu bewerten, muss bauseits eine Dokumentation der vorhandenen Schichten vorgelegt bzw. eine umfangreiche Analyse veranlasst werden. Dafür hat der Auftraggeber Sorge zu tragen. Die Tragfähigkeit des zu belegenden Untergrundes ist durch den Auftraggeber oder Planer neu zu bewerten, nicht nur bei Nutzungsänderung. Alte und genutzte Bodenbeläge sowie Rückstände von Klebstoffen und Spachtelschichten sind als Verlegeuntergrund immer problematisch und oft Ursache späterer Schäden. Zur Vermeidung möglicher Risiken müssen diese beseitigt werden. Wenn in Ausnahmefällen eine Verlegung auf diesen alten Untergründen erfolgen soll, entsteht ein hohes Risiko. Eine konkrete Ausschreibung und Beauftragung ist erforderlich. Durch evtl. auftretende chemische Wechselwirkungen zwischen Altuntergrund und Neuaufbau können Geruchsbelästigungen entstehen. Zudem kann es zu Problemen im Haftverbund zwischen den aufzubringenden Materialien oder Abweichungen von den angegebenen technischen Parametern (Eindruckverhalten, Brandverhalten etc.) kommen. Das Haftungsrisiko für Bodenbelagsarbeiten, die auf Anordnung des Auftraggebers auf verbleibenden Restschichten (z. B. alte Klebstoffreste) ausgeführt werden, liegt nicht beim Auftragnehmer.“*

Das ist sicher graue Theorie. Aber der folgende Fall zeigt, wie schnell der Parkettleger in eine Haftungsfalle gerät, wenn er seine Leistungen selbst plant und anbietet und dadurch Planungsverantwortung wie ein Planer/Architekt übernimmt.

Eine alte Kaserne wurde zu hochwertigen Eigentumswohnungen umgebaut. Das alte Parkett sollte abgeschliffen und versiegelt werden, während auf 1.100 m^2 neues Parkett auf vorhandene Fußbodenfliesen geklebt werden sollte. Der Architekt erstellte kein Leistungsverzeichnis und forderte vom Parkettleger ein Angebot an.

Der Auftraggeber machte keine Angaben zur Ausführung und legte auch keine Dokumentation und keine Analyse zum Altuntergrund vor. Der Parkettleger bot seine Leistungen an: Abschleifen und Versiegeln des alten Parketts und direktes Kleben des neuen Parketts auf die vorhandenen 1.100 m^2 Fußbodenfliesen. Der Parkettleger führte seine Leistungen nach diesem Angebot aus.

Schadensbild

Rein optisch gab es an den ausgeführten Parkettarbeiten keine Beanstandung. Der Auftraggeber beanstandete den Trittschallschutz im Bereich des neu verlegten Parketts direkt auf die alten Fußbodenfliesen. Der Auftraggeber war der Meinung, dass beim Umbau der Kasernen zu hochwertigen Eigentumswohnungen ein Neubaustandard zumindest im Bereich des neu verlegten Parketts geschuldet sei.

Schadensursache/Schadensbeseitigung

Der Trittschallschutz hätte durch den Einbau einer Dämmunterlage unter das neu verlegte Parkett verbessert werden können.

Juristische Betrachtung

Strittig war der Trittschallschutz im Bereich des neu verlegten Parketts. Der Parkettleger war der Meinung, dass er seiner Leistungsverpflichtung mangelfrei nachgekommen sei. Er gab an, dass es keine Gespräche über die Einhaltung eines bestimmten Trittschallschutzes mit dem Auftraggeber gegeben habe. Er habe nicht gewusst, dass die Kaserne zu hochwertigen Eigentumswohnungen umgebaut werden sollte. Außerdem war er der Meinung, dass er hier keine Bedenken habe anmelden müssen. Das Gericht folgte dieser Argumentation nicht. Der Beschluss vom 30.11.2015 - 8 U 78/14 (BGB §§ 254, 278, 633 Abs .2 Satz 1 § 634 Nr. 4) durch das OLG sollte für jeden Parkett- und Bodenleger eine deutliche Warnung im Hinblick auf Planungsleistungen durch Handwerker sein. Hier heißt es:

1. Verpflichtet sich der Auftragnehmer dazu, eine Kaserne zu Wohnungen umzubauen, hat er die Arbeiten durchzuführen, die nach Umfang und Bedeutung insgesamt mit Neubauarbeiten vergleichbar sind.

2. Kann der Auftraggeber Neubaustandard erwarten, ist nicht nur ein Schallschutz entsprechend den Schalldämmwerten nach DIN 4109 geschuldet. Vielmehr ist bezüglich der Trittschalldämmung der übliche Komfortstandard vereinbart.

3. Der Auftraggeber ist nicht dazu verpflichtet, dem Auftragnehmer eine detaillierte Planung eines Architekten oder eines Ingenieurs zur Verfügung zu stellen. Der Auftragnehmer kann sich sehr wohl dazu verpflichten, die für seine gegenständliche Werkleistung erforderliche (Detail-)Planung selbst zu erbringen.

Der Parkettleger hätte hier den Trittschallschutz beachten müssen. Das Gericht war der Meinung, dass der Trittschallschutz einem Neubaustandard entsprechen muss, wenn Wohnungen komplett saniert werden. Der Parkettleger hätte den Auftraggeber zwingend darauf hinweisen müssen, dass der Trittschallschutz in den Bereichen, in denen das Parkett direkt auf die alten Fliesen verlegt worden ist, nicht dem Neubaustandard entspricht. Dann hätte der Auftraggeber entscheiden müssen, ob er einen erhöhten Trittschallschutz bei entsprechender Vergütung fordert oder darauf verzichtet. Bei VOB/B-Verträgen müssen solche Hinweise immer schriftlich erfolgen, mündliche Hinweise führen nicht zu einer Haftungsbefreiung.

Dieses Beispiel zeigt, wie wichtig die schriftliche Hinweispflicht ist, mit der Handwerker in der Regel bekanntlich sehr leichtfertig und oberflächlich umgehen. In diesem Fall hatte der Parkettleger die komplette Planungsverantwortung übernommen, so wie ein planender Architekt. Für den Planungsmangel – nicht ausreichender Trittschallschutz – haftete der Parkettleger. Der Streitwert für das Berufungsverfahren wurde mit 26.000 Euro festgesetzt.

Eine Dämmunterlage unter dem Parkett hätte den Trittschallschutz verbessert.

Der Bauherr verlangte auch einen Trittschallschutz unter den Holztreppenstufen.

37. Verschlechterter Trittschallschutz

Bekannterweise bieten Wohnungseigentümergemeinschaften immer eine Menge Zündstoff, um sich vortrefflich zu streiten. Viele Konflikte landen am Ende vor Gericht und müssen dann dort entschieden werden. Im folgenden Fall ging es um den Trittschallschutz. Die entscheidende Frage lautete: „Gilt der Grenzwert für den Trittschallschutz, der galt, als das Haus gebaut wurde, oder müssen die Bewohner schlechtere Werte bezüglich des Trittschallschutzes in Kauf nehmen, nachdem neue Oberbeläge verlegt wurden?“

Ein innerstädtisches viergeschossiges Mehrfamilienwohnhaus wurde 1927 in einer Zeilenbauweise errichtet und 1979 in Wohnungseigentum aufgeteilt. Auf jeder Etage befindet sich eine Wohnung. Die Wohnung der Antragsteller befindet sich im 2. Obergeschoss, die der Antragsgegnerin im 3. Obergeschoss. Die Antragsgegnerin erwarb die Wohnung im Jahr 2000. Im Jahr 2002 und 2004 ließ die Antragsgegnerin neue Oberböden verlegen. Bis auf die Küche und das Bad wurde der alte Teppichboden entfernt und ein Fertigparkett verlegt. Das Parkett wurde direkt auf die Wohnungstrenndecken (Remy-Decken) vollflächig verklebt verlegt.

Schadensbild

Die Antragsteller beanstandeten, dass durch die Parkettverlegung ein erheblich schlechterer Trittschallschutz vorliegen würde, als vor dem Austausch vorhanden war. Es kam zum Rechtsstreit, der letztendlich vor dem OLG landete. Ein Sachverständiger wurde vom Gericht beauftragt, die Problematik des Trittschallschutzes zu bewerten. Das Ergebnis des Gutachtens lässt sich in einem Satz zusammenfassen. Es wurde ein so schlechter Trittschallschutz gemessen, dass davon ausgegangen werden musste, dass es selbst bei rücksichtsvollem Verhalten in der Wohnung der Antragsgegner zu Störungen in der Wohnung der Antragsteller komme.

Schadensbeseitigung/Juristische Betrachtung

Das OLG verpflichtete die Antragsgegner zur Beseitigung der nachteiligen Auswirkungen der von ihnen veranlassten baulichen Veränderungen. Wörtlich heißt es: *„Dem zur Besei-*

tigung verpflichteten Störer bleibt es überlassen, auf welche Weise er das ihm aufgegebene Ziel der Störungsbeseitigung erreicht. Mithin obliegt hier die Auswahl der Mittel, um die Schallminderung zu erreichen, der Antragsgegnerin und kann sie von den Antragstellern als Gläubigern zwangsweise nach § 887 ZPO durchgesetzt werden (vgl. OLG München ZMR 2006, S. 643 ff und OLGR München 2007, S. 694 f; Senat, NJW-RR 2001, S. 1594).

Der Bundesgerichtshof hat übrigens entschieden, dass nur bei einem erheblichen Eingriff in die Bausubstanz ein höheres Schallschutzniveau erwartet werden kann. Bei allen anderen Sanierungsmaßnahmen, die im Rahmen der normalen Instandsetzung oder der schlichten Modernisierung dienen, ändert sich am Schallschutzniveau nichts. Dieses muss nach wie vor dem Grenzwert zum Zeitpunkt der Errichtung des Gebäudes entsprechen, oder anders ausgedrückt: Grundsätzlich müssen die Schallschutzwerte eingehalten werden, die zur Zeit der Errichtung des Gebäudes galten – Entscheidung des Bundesgerichtshofs (BGH).

Grundsätzlich sind schalltechnische Planungen von Planern und Fachingenieuren zu erstellen. Die Planung von Schallschutzmaßnahmen ist nicht Bestandteil der Ausbildung und des zumutbaren Fachwissens der Parkett- und Bodenleger.

Ausführungsfehler der Parkett- und Bodenleger dürfen nicht den konstruktiv möglichen Schallschutz beeinträchtigen. Für diese Mängel haftet der Verarbeiter.

Jede Fußboden-/Deckenkonstruktion muss von einem Fachmann neu bewertet werden, deshalb darf sich der Handwerker nicht zu einfachen und pauschalen Lösungsvorschlägen beim Trittschallschutz hinreißen lassen, die ihn später teuer zu stehen kommen. Schallschutzplanung liegt eindeutig im Aufgabenbereich des Architekten, in der Regel in Zusammenarbeit mit einem Sonderfachmann/Bauakustiker.

38. Blasen in der Oberflächenbeschichtung eines Parkdecks

Aufgrund von mit Flüssigkeit gefüllten Blasen in der Oberflächenbeschichtung eines Parkdecks nahm der Auftraggeber den Architekten, das Bauunternehmen sowie das Beschichtungsunternehmen auf Zahlung von Kostenvorschuss bzw. Schadenersatz in Anspruch. Der Architekt war seitens des Auftraggebers mit der Planung und der Bauüberwachung für den Neubau des Parkdecks beauftragt worden. Das Bauunternehmen errichtete das Parkdeck in Form einer erdberührten, 50 cm dicken Stahlbetonbodenplatte. Die Beschichtungsfirma führte die Oberflächenbeschichtung unmittelbar auf der Stahlbetonbodenplatte aus. Die Beschichtungsarbeiten wurden ca. 1 Jahr nach der Fertigstellung der Stahlbetonbodenplatte ausgeführt. Vor der Aufbringung des Beschichtungssystems führte die Beschichtungsfirma Feuchtemessungen an der Oberfläche der Stahlbetonbodenplatte durch. Dabei wurden Feuchtewerte ermittelt, die unterhalb der für die Beschichtung erforderlichen Werte von 4 Masse-% lagen. Nach Auffassung der Beschichtungsfirma war aufgrund der gemessenen Feuchtewerte die Belegereife für die Ausführung der Beschichtungsarbeiten erreicht.

Schadensbild

Etwa drei Jahre nach der Abnahme der Bauleistungen zeigten sich Blasen in der Oberflächenbeschichtung des Parkdecks. Ein vom Auftraggeber veranlasstes Privatgutachten gab als Ursache hierfür eine zu hohe Feuchte im Beton unterhalb der wasserdichten Oberflächenbeschichtung an. Der Privatgutachter nannte zwei mögliche Ursachen für die zu hohe Feuchte. Entweder war die Restfeuchte im Beton zum Zeitpunkt der Beschichtung zu hoch, oder es fehlte eine als Sperrschicht fungierende zweischichtige Reaktionsharzgrundierung, die in den Beton eindringendes Wasser von der Oberflächenbeschichtung abhalten sollte. Außerdem sei seiner Meinung nach denkbar, dass die Baufirma ein Hydrophobierungsmittel auf dem Beton aufgebracht habe, das mit der Oberflächenbeschichtung reagierte. Die beteiligten Partner – Architekt, Bauunternehmen, Beschichtungsfirma – teilten die Ausführungen im Privatgutachten nicht. Es kam zum Rechtsstreit, der gerichtlich geklärt werden musste.

Schadensursache

In diesem Rechtsstreit, in dem der Auftraggeber vom Bau- sowie vom Beschichtungsunternehmen Kostenvorschuss zur Mangelbeseitigung sowie vom Planer Schadensersatz forderte, hatte das Gericht Beweis erhoben zur Frage der Ursache der Blasenbildung sowie der zur Mangelbeseitigung anfallenden Kosten.

Durch den vom Gericht bestellten Sachverständigen wurde festgestellt, dass beim Aufbringen des Beschichtungssystems noch keine Belegereife bestand. Zum Zeitpunkt der Ausführung der Beschichtungsarbeiten hatte sich nach Meinung des Sachverständigen ein Feuchtigkeitsgefälle von der Plattenoberseite zur Plattenunterseite eingestellt, was dazu führte, dass deutlich geringere Feuchtewerte an der Oberseite und deutlich höhere Werte an der Unterseite zu messen waren. Der gerichtlich bestellte Sachverständige kam zum Ergebnis, dass Überschusswasser im Beton der Bodenplatte vorhanden gewesen sein muss, welches durch das Aufbringen einer wasserdampfundurchlässigen Beschichtung nicht entweichen konnte. Die in der Stahlbetonbodenplatte enthaltene Feuchtigkeit verteilte sich über den Querschnitt der Bodenplatte, was auch nach Jahren dazu führte, dass es zur Blasenbildung in der Beschichtung kam. Aus Sicht des Sachverständigen hätte dem Beschichtungsunternehmen bekannt sein müssen, dass die Feuchtemessung an der Oberfläche der Stahlbetonbodenplatte nicht repräsentativ war. Ein weiterer gerichtlich beauftragter Sachverständiger kam ebenfalls zu dem Ergebnis, dass es bei einer 50 cm dicken erdberührten Betonplatte nicht ausreichend war, die Materialfeuchte in nur 2 cm Tiefe zu messen. Aus seiner Sicht hätte die Feuchtemessung zumindest bis zur Bauteilmitte erfolgen müssen.

Juristische Betrachtung/Schadensbeseitigung

Das Gericht sah keine Veranlassung, an den gutachterlichen Feststellungen und deren inhaltlicher Richtigkeit zu zweifeln. Deshalb stand erstinstanzlich fest, dass die aufgetretene Blasenbildung am streitgegenständlichen Objekt darauf zurückzuführen war, dass bei der Ausführung der Beschichtung die Stahlbetonbodenplatte aufgrund des noch vorhandenen überschüssigen Anmachwassers noch nicht ausreichend trocken war. Nach Ansicht des Gerichts wurde die Beschichtung zu früh aufgebracht, was dazu führte, dass die vorhandene Feuchtigkeit im Bauteil eingeschlossen wurde, was dann die Blasenbildung nach sich zog.

In rechtlicher Hinsicht mangelverantwortlich war aus Sicht des erstinstanzlichen Gerichtes zunächst das bauausführende Beschichtungsunternehmen, in dessen Verantwortlichkeit es gelegen hatte, vor Ausführung der vertraglich geschuldeten Arbeiten zu prüfen, ob die Belegereife gegeben war oder nicht. Dabei spielte eine entscheidende Rolle, dass es nicht ausreichte, ohne weitere Kenntnis des Bauteils die Prüfung der Restfeuchte im Beton nach den Vorschriften der RiLi-SiB gemäß der sogenannten CM-Methode vorzunehmen, bei der die Restfeuchte lediglich bis zu einer Tiefe von 2 cm überprüft wird. Insofern erkannte das erstinstanzliche Gericht dem Auftraggeber einen Anspruch auf Kostenvorschuss zur Mangelbeseitigung gegenüber dem bauausführenden Unternehmen zu.

Das erstinstanzliche Gericht sah eine weitere Verantwortlichkeit bei dem bauplanenden und bauüberwachenden Architekten. Bei der Aufbringung der Beschichtung ist dieser seinen Überwachungspflichten nicht hinreichend nachgekommen. Insbesondere war der Architekt verpflichtet zu kontrollieren, ob die Belegereife des Betons zum Zeitpunkt des Beginns der Beschichtungsarbeiten tatsächlich bestand, bzw. zumindest zu überprüfen, ob die Belegereife durch das Beschichtungsunternehmen im geeigneten Maße nachgewiesen wurde. Aufgrund dieses Bauüberwachungsmangels machte sich der Architekt gegenüber dem Auftraggeber schadensersatzpflichtig.

Die Beschichtung auf dem Parkdeck musste vollständig mechanisch entfernt werden. Anschließend wurde ein neues dampfdiffusionsoffenes, geeignetes Beschichtungssystem aufgebracht.

39. Parkettschaden durch nachstoßende Feuchte aus der jungen Betondecke

Dass nachträglich in Parkett eingedrungene Feuchte zu Schäden am Parkett führen kann, dürfte allen am Bau beteiligten Parteien bekannt sein. Wenn es zu Parkettschäden durch nachträglich eingedrungene Feuchte gekommen ist, müssen die Sachverständigen nur noch herausfinden, woher diese Feuchte kommt. Hier gibt es neben den schon fast üblichen Planungs- und Ausführungsfehlern auch Problemfälle, die häufig zu Streitigkeiten führen. Zu diesen Problemfällen für nachträglich eingedrungene Feuchte zählen die folgenden Beispiele:

- Unentdeckte Leckagen und Rohrbrüche.
- Leckagen in der Gebäudehülle, beispielsweise durch nicht fachgerecht geschlossene Fugen in der Fassade.
- Folie, die längere Zeit auf dem Estrich lag und eine Austrocknung an dieser Stelle verhindert hat.
- Wasserschäden, die gern vertuscht werden.
- Wasser, das Gewerke nach dem Estrichleger und vor dem Parkett- oder Bodenleger partiell in den Untergrund eingebracht haben. Beispiele:
  - Der Fliesenleger hat seinen Mörtel direkt auf dem Estrich angemacht.
  - Der Fliesenleger hat beim Schneiden der Fliesen das Kühlwasser direkt in den Untergrund laufen lassen.
  - Beim Betonschneiden von Türen und Fenstern in Betonwände konnte das Kühlwasser ungehindert in den Untergrund eindringen.
  - Die Maurer haben ihr Wasserfass überlaufen lassen, dieses Wasser konnte ungehindert den Untergrund auffeuchten.

- Die Maler sind beim Ablösen der Tapete sehr großzügig mit Wasser umgegangen, das ungehindert in die Randbereiche des Untergrundes eindringen konnte.
- Nachträglich kann auch Feuchte in den neu eingebauten Estrich durch die sogenannte „Wiederauffeuchtung“ eingedrungen sein. Estriche können beispielsweise nur dann austrocknen, wenn die Temperatur des Estrichs 3 °C über dem Taupunkt der Raumluft liegt und gleichzeitig eine Luftbewegung vorhanden ist. Bei der Unterschreitung des Taupunktes scheidet die kühle Luft Wasser auf der Estrichoberfläche aus und feuchtet so den Estrich bei andauernden Tauwasserniederschlag wieder auf. Dieses „Phänomen“ wird häufig von Architekten, Bauleitern, aber auch von Verarbeitern bestritten, ist aber wissenschaftlich eindeutig nachgewiesen.

Wie soll der Sachverständige, aber auch der Parkett- und Bodenleger diese partiellen Wassereintritte in den Untergrund feststellen, wenn diese Wassereintritte nicht gerade zufällig im Vorfeld bei einer Baustellenbegehung festgestellt wurden? Deshalb ist es so wichtig, dass der Parkett- und Bodenleger schriftlich nachweisen kann, dass er den Feuchtegehalt des Estrichs (übrigens auch des alten Estrichs) mit dem CM-Gerät festgestellt hat und die Belegereife schriftlich nachweisen kann. Kommt es zu einem Feuchteschaden aufgrund des partiellen Wassereintritts und zu hoher Untergrundfeuchte und hat der Handwerker keine Feuchtemessung durchgeführt, haftet der Handwerker in vollem Umfang für diesen Schaden. Jeder Parkett- und Bodenleger sollte dieses Risiko kennen!

Nachträglich in das Parkett eingedrungene Feuchte kann aber auch auf Planungsfehler des Architekten und Ausführungsfehler des Estrichlegers zurückzuführen sein. Das nachfolgend aufgeführte Beispiel zeigt, wie diese beiden Fehler auch eng miteinander verknüpft sein können. Obwohl es über die Ursache des hier aufgezeigten Schadens zahlreiche sehr gute Fachliteratur gibt, die Ursache wissenschaftlich nachgewiesen ist, tritt er immer wieder auf und führt sogar zu Streitigkeiten unter den beteiligten Parteien. Das Problem des hier aufgeführten Schadens ist jedoch, dass sich immer zuerst der Parkettleger rechtfertigen muss; dass Architekt oder Estrichleger Fehler gemacht haben könnten, das ist vorerst zweitrangig. Deshalb ist es so wichtig, dass der Parkettleger seine Prüf- und Hinweispflichten im vollen Umfang schriftlich nachweisen kann und dass er die Parkettarbeiten fachgerecht ausgeführt hat.

Schadensbild

In einem neu errichteten, massiven Einfamilienhaus wurde zwischen Kellergeschoss und Erdgeschoss eine ca. 20 cm dicke Stahlbetondecke eingebaut. Auf der Stahlbetondecke wurde wie folgt aufgebaut:

- zweilagige Dämmschicht aus Polystyrol,
- eine 0,15 mm dicke PE-Folie als Schrenzlage,
- ein 60 mm dicker Heiz-Zementestrich.

Unmittelbar auf der Rohdecke war keine PE-Folie vorhanden.

Auf dem Heiz-Zementestrich wurde ein schwimmendes Zweischicht-Fertigparkett verlegt.

In allen Räumen hat sich das Fertigparkett im Abstand von ca. 1 m von den Außenwänden auf einer Breite von ca. 1 m über ca. Dreiviertel der Raumtiefe aufgewölbt. Zwischen Kochinsel und Küchenzeile war die Aufwölbung des Fertigparketts über die gesamte Raumtiefe vorhanden.

Anhand der Bauunterlagen konnte folgender Zeitablauf der Bauarbeiten nachvollzogen werden:

- Der Rohbau erfolgte von Juni bis Dezember.
- Im Januar wurde der Heiz-Zementestrich eingebaut, Ende Februar erfolgte das Belegereifheizen.
- Im April wurde die Feuchte des Heiz-Zementestrichs gemessen, die Werte lagen zwischen 1,4 bis 1,7 CM-%. Der Heiz-Zementestrich war also belegereif.
- Ende April bis Mai erfolgte der Parketteinbau.
- Ende September reklamierte der Bauherr den Parkettschaden, die Aufwölbung des Fertigparketts, beim Parkettleger.

Der Parkettleger war sich keiner Schuld bewusst, da er schon mehrfach dieses Fertigparkett ohne jegliche Reklamation verlegt hatte. Außerdem war der Heiz-Zementestrich zum Zeitpunkt der Parkettverlegung belegereif, es gab keinen Grund, nicht mit den Parkettarbeiten zu beginnen oder Bedenken anzumelden. Es kam zum Rechtsstreit, der vor Gericht geklärt werden musste. Vom Gericht wurde ein Sachverständiger mit der Klärung der Ursache des Parkettschadens beauftragt.

Schadensursache

Zusammenfassend stellte der Sachverständige Folgendes fest: Die Längenausdehnung des Fertigparketts mit dem daraus folgenden Schaden war auf den erhöhten Feuchteeintrag in das Parkett zurückzuführen. Untersuchungen, Berechnungen und computergestützte Simulationen belegten, dass die Trocknung von Betondecken mehrere Jahre benötigte und deshalb zum Zeitpunkt der Parkettverlegung nicht abgeschlossen war. So hat man beispielsweise festgestellt, dass aus jedem Quadratmeter einer 20 cm dicken Betondecke im Rahmen der Trocknung 24 kg Wasser entweicht. Dieses Wasser muss die Schichten unter als auch über der Betondecke, also auch das Parkett, passieren. Man hat weiterhin festgestellt, dass bereits 1/100 dieser Wassermenge (240 g) in einem Quadratmeter Mosaikparkett die Holzfeuchte vom Normwert 9 % auf 14 % erhöht und es so zur Schädigung des Parketts kommt.

Anhand der Planungsunterlagen, des zeitlichen Ablaufs sowie des festgestellten Schadens wird die nachstoßende Feuchtigkeit aus der Stahlbetondecke als Schadensursache benannt. Typisch für diese Schadensursache sind die unauffällige, normale Feuchte des Estrichs beim Verlegen des Parketts und das Auftreten von Quellerscheinungen nach einigen Wochen. Solange die Betondecke mit einer wenig diffusionsbremsenden oberen Schicht belegt ist (Estrich oder Teppichboden), trocknen frische Estriche bis zur Belegereife aus, an Teppichböden entstehen keine Schäden, da der Feuchtestrom vom hohen Feuchtepotenzial der Betondecke bis in die Raumluft ungestaut fließen kann. Vor der Parkettverlegung kann die Feuchte aus dem Beton sehr gut durch die Estrichschichten diffundieren, und auch der Estrich kann sehr gut abtrocknen, befördert durch das Belegereifheizen. Der Estrich war deshalb zum Zeitpunkt der Parkettverlegung belegereif.

Sobald ein stärker diffusionsbremsender Nutzboden (elastische Beläge, Parkett und hier besonders versiegeltes Parkett) aufgebracht wird, staut sich der Austrocknungsstrom an dieser Schicht, und die darunterliegende Schicht (Estrich) oder die Schicht selbst (Parkett bzw. versiegeltes Parkett) wird aufgefeuchtet. Im Fall des Parkettbodens wurde durch diesen Feuchtestau die Holzfeuchte erhöht, wodurch Parkettschäden in Form von Aufwölbungen infolge erheblicher Quellspannungen entstanden sind.

Eine fachgerecht eingebrachte Dampfbremse - in Form einer ausreichend dicken, im Stoßbereich weit genug überlappenden und unverletzten Folie (beispielsweise zwei Lagen PE-Folie jeweils 0,2 mm dick oder einer 0,5 mm dicken PVC-Folie) - zwischen Betondecke und schwimmenden Estrich verhindern die schädliche Auffeuchtung eines feuchteempfindlichen Nutzbelages, da durch sie der Wasserdampfstrom nicht am feuchteempfindlichen Oberboden, sondern bereits an der Betondecke gebremst und auf ein für den Oberboden unschädliches Maß verringert wird.

Wenn auf diese Dampfbremse verzichtet wird, kommt es in der Regel zu Schäden an den feuchteempfindlichen Nutzböden, aber auch zur Durchfeuchtung des Dämmstoffes. Dabei ist zu bedenken, dass bei einer permanenten Durchfeuchtung der Dämmung im schwimmenden Estrich der Dämmstoff nachsackt und in seiner Dämmwirkung beeinträchtigt wird. Durch das Nachsacken des Dämmstoffes senkt sich der gesamte Estrich und Parkettboden ab, und es kommt zu größeren Spalten zwischen Sockelleisten und Parkettboden, die dann ebenfalls von Bauherrn reklamiert werden könnten. Im Extremfall kann es sogar zu Geruchsbelästigungen durch ständig durchfeuchtete Dämmmaterialen kommen.

Da immer die Gefahr von Schäden durch nachstoßende Feuchte aus jeder jungen Betondecke gegeben ist - es ist wissenschaftlich nachgewiesen, dass auch unter günstigsten Bedingungen die Austrocknung von Betondecken mehrere Jahre dauert -, besteht im Grunde kein Ermessensspielraum für den Planer. Zum Schutz des Planers und im Interesse aller Beteiligten sollte dieses unnötige Schadensrisiko durch den Einbau einer ausreichend diffusionsdichten Dampfbremse unmittelbar auf die Betondecke minimiert werden.

Manche der Beteiligten haben die irrige Ansicht, dass die Schrenzlage auf der Dämmung völlig ausreichend ist, um als Dampfbremse den feuchteempfindlichen Nutzboden zu schützen. Die Schrenzlage soll die Dämmschicht vor dem Anmachwasser aus dem Estrichmörtel bei der Verlegung des Estrichs schützen. Diese Dämmstoffabdeckung besteht in der Regel aus einer 0,1 mm (bei Heizestrichen aus einer 0,15 mm) dicken Polyethylenfolie, die nur sehr begrenzt und auf keinen Fall ausreichend als Dampfbremse wirkt.

Schadensbeseitigung

Die aufgewölbten Bereiche im Parkettboden wurden entfernt und anschließend die Feuchte im Heiz-Zementestrich mit einer zweilagigen Reaktionsharzgrundierung abgesperrt. Darauf wurde dann das neue Fertigparkett schwimmend verlegt.

Juristische Betrachtung

Das Gericht hat die fehlende Folie auf der Betondecke unter dem schwimmenden Estrich als Schadensursache akzeptiert. Diesen Schaden hatte der Planer zu verantworten. Das Gericht gab aber dem Estrichleger eine 50-prozentige Mitschuld. Der Estrichleger als Fachfirma muss wissen, dass eine Dampfbremse auf einer neu eingebauten Betondecke unter dem schwimmenden Estrich angeordnet werden muss. Der Planer hatte diese Dampfbremse nicht vorgesehen. Deshalb hätte der Estrichleger beim Bauherrn schriftlich Bedenken anmelden und auf die fehlende Dampfbremse und die daraus resultierenden Schäden hinweisen müssen.

Der Architekt war über diese Gerichtsentscheidung verärgert und hat deshalb dem Parkettleger ebenfalls eine Mitschuld gegeben. Er war der Meinung, der Parkettleger hätte das Vorhandensein der Dampfbremse auf der Betondecke überprüfen müssen. Der Parkettleger seinerseits hätte das Fehlen der Dampfbremse feststellen und ebenfalls Bedenken anmelden müssen. Im BEB-Merkblatt „Beurteilen und Vorbereiten von Untergründen im Alt- und Neubau - Verlegen von elastischen und textilen Bodenbelägen, Laminat, mehrschichtig modularen Fußbodenbelägen, Holzfußböden und Holzpflaster Beheizte und unbeheizte Fußbodenkonstruktionen“ (Stand März 2014, [4]) heißt es unter „Besondere Hinweise für den Planer/Architekt“: *„Der tatsächliche Aufbau ist sowohl im Neubau als auch bei Renovierungen zu dokumentieren und dem Bodenleger rechtzeitig vor Beginn der Arbeiten mitzuteilen. Die Prüfpflicht des Bodenlegers erstreckt sich auf den Untergrund (Lastverteilschicht, z. B. Estrich) und nicht auf darunterliegende Schichten (z. B. Trennlagen/Dämmschichten und/oder Abdichtungen).“*

Diese Aussage trifft natürlich auch auf Parkettleger zu.

Orientierende Messung der Aufwölbung im Parkett.

Holzfeuchtemessung mit GANN RTU 600.

40. Parkettschaden durch zu hohe Oberflächentemperaturen der Fußbodenheizung

Die meisten Parketthersteller weisen in ihren Technischen Merkblättern darauf hin, bis zu welcher maximalen Oberflächentemperatur die Fußbodenheizung betrieben werden darf, um Parkettschäden zu vermeiden. Der Parkettleger muss im Rahmen seiner Hinweispflicht den Bauherrn/Auftraggeber/Nutzer auf diese maximal mögliche Oberflächentemperatur (am besten schriftlich) hinweisen und die Folgeschäden aufzeigen, die bei einer Überschreitung dieser maximalen Oberflächentemperatur entstehen können. Im nachfolgend beschriebenen Fall kam es zu einem Parkettschaden, den sich der Vermieter und Mieter einer Wohnung nicht erklären konnten. Deshalb kam es zum Rechtsstreit, bei dem ein Sachverständiger eingeschaltet wurde.

In einer Wohnung wurde auf einen beheizten Calciumsulfatfließestrich ein Zweischicht-Fertigparkett fest verklebt. Nach der ersten Heizperiode zeigten sich erhebliche Mängel am verklebten Parkett, allerdings nur in Wohnzimmer, Küche und Flur. Im Schlafzimmer und Kinderzimmer war das Fertigparkett in einem einwandfreien Zustand.

Schadensbild

Folgende Schäden wurden zur Vorortbegehung festgestellt:

- Decklamellenablösung,
- Rissbildung in den Decklamellen,
- Überzahnungen,
- Aufkantungen,
- Hohllagen.

Anhand der nachfolgenden Bilder ist ersichtlich, dass der Parkettschaden erheblich war.

Schadensursache

Zum Ortstermin Mitte Februar war die Fußbodenheizung in Wohnzimmer, Küche und Flur voll in Betrieb. Der Sachverständige hat sofort die Oberflächentemperaturen in der gesamten Wohnung gemessen. In Wohnzimmer, Küche und Flur lagen die Oberflächentemperaturen zwischen 30 °C bis 34 °C. Im Schlafzimmer und Kinderzimmer lagen die Oberflächentemperaturen zwischen 22 °C und 25 °C. Der Mieter bestätigte, dass er diese Oberflächentemperaturen ständig, also dauerhaft im Winterbetrieb einstellt. Es kann aber nicht ausgeschlossen werden, dass auch einmal höhere Temperaturen eingestellt wurden, um beispielsweise das Wohnzimmer schneller aufzuheizen.

Bekanntlich ist Parkett ein hygroskopischer Werkstoff, der jahreszeitlich durch Quellung im Sommer und durch Schwindung im Winter gekennzeichnet ist. Die Quellung im Sommer erfolgt durch die Aufnahme von Feuchtigkeit aus der Umgebungsluft. Im Winter erfolgt eine Schwindung durch Abgabe der Holzfeuchte an die Raumluft. Durch die Schwindung entstehen Fugen zwischen den Parkettelementen. Besonders bei hohen Temperaturen der Fußbodenheizung trocknet das Parkett an der Unterseite intensiv aus, und es entstehen konkave Verformungen und Hohllagen. Durch die Dauerbelastung des Parketts infolge hoher Fußbodentemperaturen verliert der Klebstoff im Zweischicht-Parkett an Festigkeit. Dadurch kommt es zu Ablösungen und Rissbildung in den Decklamellen.

Die Schadensursache in den betroffenen Parkettflächen waren die zu hohen und somit ungeeigneten Oberflächentemperaturen. In den Technischen Merkblättern/Datenblättern des Parkettherstellers ist eindeutig beschrieben, dass sein Zweischicht-Fertigparkett bei der Verlegung auf eine Fußbodenheizung nur bis zu einer maximalen Oberflächentemperatur von 28 °C geeignet ist.

Schadensbeseitigung

Das Fertigparkett in den betroffenen Räumen musste vollständig erneuert werden.

Sicherheitshalber wurde mit einer abgequarzten Reaktionsharzgrundierung grundiert, zementär gespachtelt und mit einem hartelastischen Parkettklebstoff das neue Zweischicht-Fertigparkett geklebt.

Juristische Betrachtung

Da lediglich der Mieter die Fußbodenheizung ständig betätigt hat, hat auch nur er diesen Schaden zu verantworten. Allerdings hat der Parkettleger den Bauherrn und auch den Mieter nur mündlich auf die maximal mögliche Oberflächentemperatur von 28 °C hingewiesen. Die beteiligten Parteien haben sich geeinigt, den Fall außergerichtlich und kulant zu lösen, geschätzter Schaden ca. 3.000 Euro.

Überzahnungen mit Hohllagen und Aufkantungen.

Deutliche Überzahnung.

Überzahnung – konkave Verformungen mit Kantenbeschädigung.

41. Schäden an der Parkettoberfläche durch falsche Pflege und Fehler bei der Nutzung

Die fach- und sachgerechte Reinigung und Pflege von Parkettböden ist ein entscheidender Faktor für die Optik, die Hygiene, die Lebensdauer und die Werterhaltung des Parketts. Um Schäden am Parkett durch eine falsche Reinigung und Pflege zu vermeiden, müssen die Angaben und Empfehlungen der Hersteller des Parketts und der Reinigungs- und Pflegemittelhersteller beachtet werden.

In einem öffentlichen Gebäude wurde in vier größeren Räumen der Stabparkettboden fachgerecht dreifach geschliffen (grob - mittel - fein). Anschließend wurden ein Sperrgrund und dreimal ein Aqua-Parkettlack aufgetragen. Lediglich im großen Saal wurden abwechselnd zwei verschiedene Pflegemittel zur Unterhaltsreinigung nach Eventveranstaltungen eingesetzt.

Schadensbild

Trotz Pflege wurden sämtliche Parkettflächen im Laufe der Zeit immer unansehnlicher.

Es lagen erhebliche Oberflächenbeschädigungen in Form von Abschabungen, Kratzern, farblichen Veränderungen, sogenanntem Weißbruch und hellen Verstrichelungen vor. Der Inhaber des Gebäudes rügte diese Mängel zu Recht. Die Reinigungsfirma war der Meinung, der Parkettleger habe diese Mängel verursacht. Der Parkettleger war sich keiner Schuld bewusst, da diese Schleif- und Versiegelungsarbeiten zu seinem Standardprogramm gehören und es hier noch nie Probleme gab.

Der Gebäudeinhaber strebte eine gerichtliche Lösung des Problems an, da sich Reinigungsfirma und Parkettleger nicht einigen konnten. Ein Sachverständiger wurde vom Gericht beauftragt, die Schadensursachen für die erheblichen Oberflächenbeschädigungen festzustellen.

Schadensursache

Der Sachverständige stellte zwei Ursachen fest, die für diesen Schaden verantwortlich waren:

- Eine Überpflege des Parkettbodens mit den eingesetzten wachshaltigen Produkten. Die Pflegemittel waren größtenteils viel zu dick aufgetragen. Die Wachspatina ließ sich größtenteils leicht abschaben.
- Verschiedene falsche, abgenutzte und defekte Gleiter unter den Stühlen und Tischen, die die Parkettoberfläche teilweise sehr stark beschädigt hatten.

Schadensbeseitigung

Die betroffenen Räume wurden erneut abgeschliffen und versiegelt. Zur fachgerechten Reinigung und Pflege wurden die Hersteller zurate gezogen.

Juristische Betrachtung

Für die Überpflege des Parkettbodens war die Reinigungsfirma verantwortlich. Die Beschädigungen durch die falschen, abgenutzten und defekten Gleiter unter den Stühlen und Tischen gingen zulasten des Nutzers der Räume. Der Parkettleger hatte den Nutzer über den Einsatz der richtigen Stuhl- und Tischgleiter schriftlich hingewiesen. Diese schriftliche Hinweispflicht kann man nicht oft genug betonen.

Der Gesamtschaden wurde mit ca. 7.000 Euro eingeschätzt.

Die Wachspatina war viel zu dick aufgetragen.

Weißbruch mit hellen Kratzern.

Breite, helle Verstrichelungen durch falsche Stuhlgleiter.

Intensive Oberflächenbeschädigungen durch falsche Gleiter.

42. Umfangreicher Schaden an der Parkettoberfläche

In einem größeren Bistro wurde ein Zweischicht-Parkett der Holzart amerikanischer Nussbaum mit einer Nutzschichtdicke von 4,0 mm verlegt/verklebt. Im Laufe der Zeit wurde die Parkettoberfläche immer unansehlicher. Nach ca. 1,5 Jahren reklamierte der Bauherr/Inhaber des Bistros den Zustand und die Beschaffenheit des Parketts beim Parkettleger. Der Parkettleger war der Meinung, dass der Schaden in der Parkettoberfläche auf eine falsche Nutzung und die nicht fachgerechte Reinigung und Pflege zurückzuführen sei. Mit dieser Antwort war der Bauherr/Inhaber nicht einverstanden. Es kam zum Streit, der vor Gericht endete. Das Gericht schaltete einen Sachverständigen ein.

Schadensbild

Der Sachverständige stellte folgende Mängel fest:

- Teilweise extreme Verkratzungen, Schleifspuren und Verschmutzungen in der gesamten Parkettoberfläche.
- Dellen und Vertiefungen in der Nutzschicht.
- Überzahnungen zwischen einzelnen Parkettstäben von 0,2 bis 0,35 mm, wobei die Kanten einzelner Parkettstäbe bereits grau verfärbt waren.
- Konkave Verformungen der Parkettstäbe.

Schadensursache

Hier muss man wissen, dass der Parkettleger dem Bauherrn/Inhaber die Reinigungs- und Pflegeempfehlung des Parkettherstellers erst 1,5 Jahre nach der Parkettverlegung übergeben hat. Erst zu diesem Zeitpunkt hat der Parkettleger den Bauherrn/Inhaber auch über das einzuhaltende Raumklima aufgeklärt.

- Die teilweise extremen Verkratzungen, Schleifspuren und Verschmutzungen waren auf die offensichtlich falsche Reinigung und Pflege des Parketts, aber auch auf nicht geeignete und falsche Stuhlgleiter zurückzuführen.

- Die Dellen und Vertiefungen in der Nutzschicht wurden durch Absätze von Damenschuhen (Stöckelabsätze) verursacht.

- Die Überzahnungen und die konkaven Verformungen waren offensichtlich auf das häufig wechselnde Raumklima zurückzuführen. Der Inhaber gab zu, dass besonders im Winter die Luftfeuchtigkeit sehr niedrig war.

Schadensbeseitigung

Aus Kostengründen schlug der Sachverständige vor, die gesamte Parkettfläche abzuschleifen und anschließend mit einem geeigneten Öl oder mit einem Hartwachs zu behandeln. Es wurde empfohlen, an einer besonders kritischen Stelle eine Musterfläche anzulegen. Der Inhaber wurde darüber informiert, dass sich bei einer solchen Oberflächenbehandlung die Optik der Parkettfläche verändern wird.

Wenn diese Lösung nicht zufriedenstellend sein sollte, müsste eine Neuverlegung des Parketts erfolgen.

Juristische Betrachtung

Aufgrund der zu späten Übergabe der Reinigungs- und Pflegeempfehlungen sowie aufgrund der zu späten Aufklärung über das einzuhaltende Raumklima lag die Schuld für diesen Parkettschaden eindeutig beim Parkettleger. Aufgrund der ungeeigneten und falschen Stuhlgleiter war der Inhaber zu einer (kleinen) Kostenbeteiligung bereit.

Extreme Verkratzungen und Schleifspuren.

Dellen und Vertiefungen in der Nutzschicht durch Stöckelabsätze.

Überzahnung von 0,35 mm.

Überzahnung mit grau verfärbter Kante eines Parkettstabes.

Konkave Verformungen der Parkettstäbe.

43. Der Trick des Bauherrn funktionierte nicht

In einem zweigeschossigen Einfamilienhaus wurde 24 Jahre vor dem Eintritt des Parkettschadens im gesamten Gebäude Eiche-Dreischicht-Mehrschichtparkett verlegt. In Küche und Bad wurden keramische Fußbodenfliesen eingebaut. Das Parkett wurde in allen Räumen fest mit dem schwimmenden, unbeheizten Zementestrich verklebt. Lediglich im Wohnzimmer wurde das Parkett schwimmend auf eine Dämmunterlage auf einen beheizten Zementestrich verlegt. Bei der Fußbodenheizung handelt es sich um eine Warmwasser-Fußbodenheizung der Bauart A. Ein Jahr vor dem Schadenseintritt hat ein neuer Eigentümer das Einfamilienhaus käuflich erworben. Der neue Eigentümer beauftragte einen Parkettleger mit dem Abschleifen und Versiegeln des vorhandenen Dreischicht-Mehrschichtparketts im gesamten Gebäude. Der Parkettleger hat nach dem Abschleifen das Parkett systembezogen mit einem Grundlack (Seitenverleimung minimierend) grundiert und anschließend das Parkett mit einer Zweikomponenten-Polyurethandispersion zweimal versiegelt. Betreten bzw. in Nutzung genommen wurden die Parkettflächen nach einer mehrtägigen Trocknungszeit. Der Parkettleger hat dem Bauherrn die Pflegeanweisung übergeben mit dem Hinweis auf die Einhaltung günstiger raumklimatischer Bedingungen mit 20 °C Lufttemperatur und 50 % relativer Luftfeuchtigkeit und auch mit dem Hinweis, eventuell in der Heizperiode eine Raumluftbefeuchtung durchzuführen. Außerdem wies der Parkettleger den neuen Hauseigentümer darauf hin, dass die Oberflächentemperatur des Fußbodens bei diesen beheizten Parkettböden maximal 26 °C betragen soll, ansonsten kann es zu Schädigungen am Parkettboden kommen.

Schadensbild

Der neue Hauseigentümer hat vier Monate nach den Versiegelungsarbeiten, kurz vor Ende der Heizperiode, beim Parkettleger angeblich nachträglich auftretende Schüsselungen, Wölbungen, Deckschichtablösungen, Lösungen der Nut-Feder-Verbindungen sowie Fugen in allen Parkettflächen beanstandet. Der Parkettleger erhielt vom Rechtsanwalt des Bauherrn ein Schreiben, in dem er aufgefordert wurde, aufgrund der Beanstandungen des Bauherrn das alte Parkett vollständig zu entfernen und eine komplette Neuverlegung in allen Räumen durchzuführen oder an den Bauherrn 10.000 Euro zu zahlen, damit der Bauherr eine Neuverlegung bezahlen könne. Der Parkettleger war sich keiner Schuld bewusst, da er diese Art der Versiegelung schon häufig ohne jegliche Beanstandung ausgeführt hatte. Zur Erzielung eines neutralen Gutachtens hat der Parkettleger seinen Rechtsanwalt beauftragt, ein Gerichtsverfahren einzuleiten. Das Gericht hat dann einen sehr renommierten und erfahrenen Sachverständigen mit dem Gutachten beauftragt. Zum Vororttermin mit diesem Sachverständigen hat sich der Bauherr sehr abfällig über die ausgeführten Versiegelungsarbeiten und über den Parkettleger geäußert. Anhand dieser Bemerkungen vom Bauherrn war eindeutig zu erkennen, dass der Bauherr keinerlei Sachkenntnis von dem in Rede stehenden Sachverhalt hatte. Deshalb hat der Sachverständige bereits zu Beginn seines Gutachtens Grundsätzliches zur Beurteilung von Parkettoberflächen aus den Gutachterrichtlinien zitiert, um vor allem den falschen Vorstellungen des Bauherrn den Wind aus den Segeln zu nehmen, so beispielsweise [20]:

„Ein Fußboden ist kein Möbelstück; er ist ein Gebrauchsgegenstand, der in aller Regel täglich beansprucht und belastet wird. Anforderungen an die Oberfläche, wie solche an ein Möbelstück gestellt werden, scheiden daher aus.

Die Beurteilung der Oberfläche des Fußbodens geschieht in aufrecht stehender Haltung. Beobachtungen oder Abfühlen der Fußbodenoberfläche in kniender oder gebückter Haltung scheiden für die Beurteilung aus.

Auch Schräglicht-Beleuchtungen und Lichtbrechungseffekte dürfen für eine Beurteilung nicht herangezogen werden, da diese Methoden der Zweckbestimmung eines Fußbodens widersprechen.

Werden Unebenheiten/Unregelmäßigkeiten aus einer Blickrichtung sichtbar, müssen diese zwecks Verifizierung der Beanstandungswürdigkeit aus einer weiteren, veränderten Blickrichtung gleichermaßen erkennbar sein.

Streiflicht – Gegenlicht, das durch bauliche Gegebenheiten unveränderbar auch bei gebrauchsüblicher Nutzung vorliegt, ist bei der gutachterlichen Beurteilung des Schadensbildes zu berücksichtigen. Schadensbilder müssen bei normaler Ausleuchtung (Sonnenlicht-Lampen) erkennbar sein.“

Schadensursache/Schadensbewertung

Der Sachverständige hat jede einzelne vom Bauherrn beanstandete Parkettfläche und Fuge sehr aufwendig untersucht und bewertet. In seiner gutachterlichen Zusammenfassung sollen hier nur die entscheidenden Schwerpunkte benannt werden.

Zum Zeitpunkt der gutachterlichen Überprüfung war in allen Räumen die Nutzungs- und Gebrauchstüchtigkeit gegeben bzw. waren insbesondere unter Berücksichtigung der Nutzungszeit von 24 Jahren keine wesentlichen Mängel erkennbar. Das verarbeitete Grundierungs- und Versiegelungssystem ist für den vorhandenen Parkettfußboden geeignet und hat sich nicht negativ auf das Formveränderungsverhalten der Mehrschichtparkettelemente ausgewirkt.

Bezüglich der Toleranzen bei Schüsselungen wurde auf die DIN EN 13489 „Mehrschichtparkettelemente" [21] hingewiesen, wonach bereits bei Anlieferung Schüsselungen bis 0,4 mm (bei 200 mm breiten Elementen) und auch Breitenabweichungen bis 0,4 mm vorliegen dürfen. Diese Werte wurden bei keinem Parkettelement überschritten. Deckschichtablösungen wurden nicht festgestellt. Ablösungen der Nut-Feder-Verbindungen wurden in einigen Bereichen der schwimmend verlegten Mehrschichtparkettelemente festgestellt. Diese Ablösungen waren auf die nicht ausreichende Verleimung der Nut-Feder-Verleimung bei der Erstverlegung zurückzuführen. Dadurch waren im Wohnzimmer einige Fugen zwischen den Parkettelementen feststellbar, die aber alle eine Fugenbreite von kleiner oder gleich 0,5 mm hatten. Eine Fugenbreite von 0,5 mm gilt nach den anerkannten Regeln des Fachs als hinzunehmende Unregelmäßigkeit und ist gerade bei Parkett auf Fußbodenheizung unvermeidbar und somit zulässig. Nachzulesen ist diese Tatsache in den Fachbüchern „Schäden an Holzfußböden" [13] und „Hinzunehmende Unregelmäßigkeiten bei Gebäuden" [1] sowie im Kommentar zur DIN 18356 „Parkettarbeiten" [22]. Zur Vorortbegehung wurde zudem festgestellt, dass die Oberflächentemperatur des Fußbodens um 2 bis 3 °C höher war als erlaubt. Auch diese Tatsache hat die Fugenbildung begünstigt. In den Kopfstoßbereichen waren Feuchtigkeitsverfleckungen erkennbar. Diese Verfleckungen sind eindeutig auf eine zu feuchte Unterhaltsreinigung und Pflege zurückzuführen (Wassereinläufe in die angeschnittenen Fasern).

Das im Bauvorhaben verarbeitete Versiegelungssystem steht in keinem Zusammenhang mit dem im gewissen Maße geringfügig optisch negativ beeinträchtigten Erscheinungsbild der Parkettflächen, besonders im Wohnzimmer. Das vorhandene Oberflächenerscheinungsbild ist aufgrund der über 24-jährigen Nutzung als üblich zu bezeichnen. Problematisch haben sich auf dieses Erscheinungsbild die mangelhafte Nut-Feder-Verleimung bei der Erstverlegung, die Feuchtigkeitsbeanspruchung von oben, aber auch das Fußbodenheizungssystem ausgewirkt. Sachverständigenseits wurde keine technische Verantwortlichkeit des Parkettlegers festgestellt. Außerdem hat der Sachverständige darauf hingewiesen, dass unter Berücksichtigung der vorliegenden Nutzungs- und Gebrauchstüchtigkeit sowie der zu erwartenden üblichen Lebensdauer eines solchen Mehrschichtparketts von ca. 30 bis 40 Jahren eine erneute Oberflächenbearbeitung (speziell im Wohnzimmer) keinen Sinn macht und auch nicht notwendig ist. Eine Neuverlegung wurde generell unter den gegebenen Umständen abgelehnt.

Juristische Betrachtung

Das Gericht folgte den Ausführungen des Sachverständigen und lehnte eine Sanierung oder gar Neuverlegung des Parketts ab. Der Trick des Bauherrn, mithilfe eines Rechtsanwaltes durch falsche und überzogene Anschuldigungen eine Neuverlegung des Parketts zu erreichen oder vom Parkettleger eben einmal 10.000 Euro zu kassieren, funktionierte nicht. Der Einspruch hatte sich für den Parkettleger also gelohnt.

Die Fugenbreite von 0,4 mm ist eine hinnehmbare Unregelmäßigkeit.

Die Autoren

Wolfram Steinhäuser hat sein Ingenieurstudium an der ehemaligen Hochschule für Architektur und Bauwesen Weimar, jetzt Bauhaus-Universität Weimar, Fachrichtung Baustoffverfahrenstechnik, absolviert.

Nach dem Studium hat er als Bauleiter der damaligen volkseigenen Bauindustrie gearbeitet. Unmittelbar nach der Wende wechselte er zur Firma Henkel nach Düsseldorf. Dort hat er 23 Jahre lang als Experte für Fußbodentechnik Kunden aus dem Handwerk beraten. Sein spezielles Fachgebiet sind alle Untergründe für die Ausführung von Bodenbelags- und Parkettarbeiten. Wolfram Steinhäuser ist seit 2019 Rentner. Er berät auch als Rentner Parkett- und Bodenleger bei ihren fachlichen Problemen.

Rechtsanwalt Frank Häberer LL.M. studierte Rechtswissenschaften an der Universität Leipzig. Nach Beginn seiner anwaltlichen Tätigkeit im Jahr 1999 und Anstellungen bei den Sozietäten Kasper Knacke Wintterlin & Partner sowie Hölters & Elsing war Frank Häberer Partner der Kanzlei Hess & Häberer sowie der international tätigen Sozietät Grützmacher Gravert Viegener. Im Jahr 2005 gründete er gemeinsam mit Rechtsanwalt Christof Franz die Sozietät Franz & Häberer.

Die Tätigkeit von Rechtsanwalt Häberer erstreckt sich auf das Bau- und Architektenrecht sowie das Immobilien- und Steuerrecht. Frank Häberer berät baubegleitend seit über 20 Jahren groß- und mittelständische Unternehmen bei der Abwicklung komplexer Bauvorhaben wie z. B. EZB in Frankfurt, Porsche- und BMW-Werke in Leipzig, Lehrter Bahnhof in Berlin. Er vertritt seine Mandanten, zu denen neben Bauunternehmen auch Investoren und Auftraggeber zählen, sowohl gerichtlich als auch außergerichtlich.

Neben seiner anwaltlichen Tätigkeit tritt Frank Häberer als Referent bei Fachtagungen und Firmenschulungen auf.

Rechtsanwälte Franz & Häberer PartGmbB
Otto-Schill-Straße 4
04109 Leipzig
Telefon: 0341/149533
Fax: 0341/1495345
Mail: fh@franz-haeberer.de

Danksagung

Ein Buch über juristische Auseinandersetzungen zu schreiben, die Bauleistungen am Fußboden betreffen und dann häufig vor Gericht landen, haben die Autoren durchaus mit Unbehagen begleitet. Diese Auseinandersetzungen sind in der Regel vor allen für die Verlierer sehr bedrückend und häufig auch noch teuer. Der Grundsatz „Vor Gericht und auf hoher See sind wir in Gottes Hand" hat sich leider für manche Streitpartei als bittere Realität erwiesen. Mit dem Gefühl, das Gericht als Sieger verlassen zu können, sollte man äußerst vorsichtig umgehen. Die in diesem Buch dargestellten Beispiele zeigen das eindeutig. Auch wir haben uns bei einigen Beispielen nicht wohlgefühlt und deshalb befreundete Rechtsanwälte und Sachverständige um Rat und Unterstützung gebeten. Besonders bedanken möchten wir uns beim Sachverständigen Horst Müller aus Düsseldorf, der uns mit zahlreichen markanten Schadensfällen unterstützt hat. Bedanken möchten wir uns auch bei den Sachverständigen Dieter Altmann aus Erfurt und Ulrike Bittorf aus Dessau für die zahlreichen Ratschläge und Hinweise. Bedanken möchten wir uns für die Unterstützung von Rechtsanwalt Andreas Hanfland aus Lennestadt, der Wolfram Steinhäuser seit 30 Jahren bei Rechtsproblemen mit Rat und Tat begleitet hat.

Unser Dank gilt besonders dem Rechtsanwaltbüro Franz & Häberer aus Leipzig, die sich hauptsächlich mit Fußbodenschäden vor Gericht befassen.

Literaturverzeichnis

[1] Oswald, Rainer; Abel, Ruth: Hinzunehmende Unregelmäßigkeiten bei Gebäuden, 2. überarbeitete und erweiterte Auflage, Wiesbaden, Berlin, Bauverlag 2000

[2] Boehmer, Heike; Simon, Janet: Gemeinschaftsstudie Bauschaden - Wenn die Kosten steigen. Deutsches Ingenieurblatt, November 2015

[3] Verbände übergreifendes Autorenteam: Kommentar zur DIN 18365 Bodenbelagarbeiten. SN-Verlag Michael Steinert Hamburg, Ausgabe Januar 2017

[4] Bundesverband Estrich und Belag e. V.: BEB-Merkblatt Beurteilen und Vorbereiten von Untergründen im Alt- und Neubau, Verlegen von elastischen und textilen Bodenbelägen, Laminat, mehrschichtig modularen Fußbodenbelägen, Holzfußböden und Holzpflaster - Beheizte und unbeheizte Fußbodenkonstruktionen. Troisdorf, Stand März 2014

[5] DIN EN 18560-1: 2015-11 Estriche im Bauwesen Teil 1: Allgemeine Anforderungen, Prüfung und Ausführung. Ausgabe 11/2015

[6] Industriegruppe Estrichstoffe im Bundesverband der Gipsindustrie e. V. Berlin | Industrieverband WerkMörtel e. V. Duisburg: Merkblatt 4 Beurteilung und Behandlung der Oberfläche von Calciumsulfat-Fließestrichen. Stand Dezember 2011

[7] Bundesverband Estrich und Belag e. V.: BEB-Merkblatt Hinweise für Fugen in Estrichen Teil 2: Fugen in Estrichen und Heizestrichen auf Trenn- und Dämmschichten nach DIN 18560-2 und DIN 18560-4. Troisdorf, Stand November 2015

[8] Bundesverband Estrich und Belag e. V: Kommentar zur DIN 18365 Bodenbelagsarbeiten. Ausgabe April 2010, 2. aktualisierte und erweiterte Auflage Hamburg, SN-Verlag Michael Steinert 2010

[9] Bundesverband Estrich und Belag e. V.: Oberflächenzug- und Haftzugfestigkeit von Fußböden Allgemeines, Prüfung, Einflüsse, Beurteilung. Stand Oktober 2017

[10] Technische Kommission Bauklebstoffe im Industrieverband Klebstoffe e. V.: TKB-Merkblatt 10 „Bodenbelags- und Parkettarbeiten auf Fertigteilestrichen – Holzwerkstoff- und Gipsfaserplatten“, Stand März 2016

[11] Technische Kommission Bauklebstoffe im Industrieverband Klebstoffe e. V.: TKB-Merkblatt 9 Technische Beschreibung und Verarbeitung von Bodenspachtelmassen. Düsseldorf, Stand Juli 2019

[12] Bundesverband Estrich und Belag e. V.: Fertigteilestriche aus Holzwerkstoffplatten - Holzspan- und OSB-Platten, Stand November 2014

[13] Rapp, Andreas; Sudhoff, Bernhard; Pittich; Daniel: Schäden an Holzfußböden. 2. überarbeitete und erweiterte Auflage, Fraunhofer IRB Verlag 2011

[14] DIN EN434:1994-11 Elastische Bodenbeläge - Bestimmung der Maßänderung und Schüsselung nach Wärmeeinwirkung

[15] Bundesverband Estrich und Belag e. V.: Protokoll zur Dokumentation der CM-Messung gemäß Arbeitsanweisung des BEB. Stand Mai 2014

[16] Technische Kommission Bauklebstoffe im Industrieverband Klebstoffe e. V.: TKB-Merkblatt 8 „Beurteilen und Vorbereiten von Untergründen für Bodenbelag- und Parkettarbeiten", Düsseldorf. Stand April 2015

[17] DIN 1052-1: 1988-04 Holzbauwerke; Berechnung und Ausführung

[18] DIN 68100: 1984-12 Toleranzsystem für Holzbe- und verarbeitung; Begriffe, Toleranzreihen, Schwind- und Quellmaße

[19] Kille, Richard; Lind, Rolf; Scheewe, Hans-Joachim; Schwarzmann, Peter: Merkblatt - Leitfaden zur Ermittlung von Zeitwerten und Wertminderung von Bodenbelägen. Stuttgart, Fraunhofer IRB Verlag 2001

[20] Bundesverband der vereidigten Sachverständigen für Raum und Ausstattung e. V. (BSR): BSR-Richtlinie I Betrachtungsweise zur gutachterlichen Beurteilung des Erscheinungsbildes von Fußbodenoberflächen. Ausgabe Oktober 1997

[21] DIN EN 13489: 2017-12 Holzfußböden und Parkett - Mehrschichtparkettelemente, deutsche Fassung EN 13489: 2017

[22] Barth, Joachim; Schmidt, Wilhelm; Strehle, Norbert: Kommentar zur DIN 18356 Parkettarbeiten; DIN 18367 Holzpflasterarbeiten. SN-Verlag Michael Steinert, 2011

Stichwortverzeichnis

V

W

Z